Alexandra Roth
Regula Tschanz-Haas

AGILITY

VOM JUNGHUND ZUR LEISTUNGSKLASSE

Alexandra Roth
Regula Tschanz-Haas

AGILITY

VOM JUNGHUND ZUR LEISTUNGSKLASSE

Müller
Rüschlikon

Einbandgestaltung: Katja Draenert

Die in diesem Buch enthaltenen Hinweise und Ratschläge beruhen auf in jahre-
lang gemachten Erfahrungen und gesammelten Erkenntnisse in praktischer und
theoretischer Arbeit mit Hunden im Hundesportbereich wie im Hundealltag. Alle
Angaben wurden gründlich geprüft. Eine Haftung der Autorinnen oder des Verlages
und seiner Beauftragten für Personen-, Tier-, Sach- und Vermögensschäden ist
ausgeschlossen.

ISBN 3-275-01559-1
ISBN 978-3-275-01559-7

Copyright © 2006 by Müller Rüschlikon Verlag
Postfach 103743, 70032 Stuttgart
Ein Unternehmen der Paul Pietsch Verlage Gmbh+Co
Lizenznehmer der bucheli Verlags AG, Baarestr. 43, CH-6304 Zug

1. Auflage 2006

Sie finden uns im Internet unter www.mueller-rueschlikon-verlag.de

Lektorat: Rosemarie Wild
Innengestaltung und Reproduktion: Medienfabrik GmbH, 71696 Möglingen
Druck und Bindung: KoKo Produktionsservice, 70900 Ostrava
Printed in Czech Republic

Vorwort

Wir betreiben seit fast 15 Jahren Agility. Früher war dieser Sport ein Freizeitvergnügen, das nur wenigen Teams in der Schweiz vergönnt war. Heute ist Agility zu einem richtigen Volkssport avanciert. Wo früher der Nullfehlerlauf entscheidend war, entscheiden heute Hundertstelsekunden über Rangierungen. Die einen betreiben es etwas ehrgeiziger als andere, aber immer steht der Hund im Mittelpunkt. Schließlich ist er es, der die ganze Arbeit hat. Trotzdem steht bei den meisten Hundeführern – wie auch bei uns – der Spaß noch immer im Vordergrund. Agility hat sich jedoch in Laufe der Jahre verändert, die Hunde laufen mit höherer Geschwindigkeit über den Parcours, und viele

Ideen und Gedanken wurden aufgegriffen, um den Lauf zu perfektionieren. Wo man vor einigen Jahren noch hilf- und machtlos im Parcours einer Situation gegenüberstand, haben sich heute Führungsstils und -hilfen entwickelt, mit deren Anwendung diese Situationen Kleinigkeiten darstellen.

Da Agility erst seit wenigen Jahren betrieben wird, ist dieser Sport sehr schnelllebig. Neue Ideen wurden ausgereift, gehandhabt und verschwanden zum Teil wieder. Wieder andere haben sich aber auch etabliert, weil deren Erfolge über Jahre »getestet« werden konnten. Dieses Buch sollte eine Zusammenführung

Huch, da soll ich mal drüber?

der neuesten Erkenntnisse beinhalten, um auch neue Ideen und bereits erfolgreich praktizierte Führungsstils weiterzugeben.

Agility sollte vernünftigerweise erst mit einem einjährigen Hund begonnen werden. Auch werden Interessierte von Vereinen mit genau diesen Worten auf eine Warteschlaufe gesetzt. Um den Hund aber optimal auf diesen Sport vorbereiten zu können, geht in dieser Zeitspanne wertvolle Ausbildung verloren. Vor allem junge Hunde lernen sehr schnell und freudig, außerdem ist es eine sinnvolle Beschäftigung für Hund und Hundeführer. Der erste Teil dieses Buches deckt genau diese Zeitspanne

ab. Übungen können – ohne Gelenke zu belasten – schon vorgeübt werden, ohne dass der Hund überhaupt Geräte überwinden muss. Natürlich werden aber auch Geräte miteinbezogen. Statt Sprungauslegern kann man aber auch Bäume oder Abfalltonnen benützen. Auf diese Weise kann also ohne viel Aufwand schon mal mit dem Training begonnen werden.

Natürlich wird auch der Geräteaufbau abgedeckt. Die verschiedenen Methoden, welche in den Jahren den meisten Erfolg gebracht haben, werden erläutert und deren Vorteile aufgelistet.

Als ehemalige Springreiterin ist es Alexandra sehr am Herzen gelegen, in diesem Buch der Sprungtechnik viel Raum zu widmen. Im Theorieteil ihrer Kurse stellt sie immer wieder fest, dass den meisten Hundeführern gewisse gelenksschädigende Trainingsformen gar nicht bewusst sind. Deshalb ist ihr die Bewusstseinsschulung sehr wichtig und soll zum Nachdenken anregen.

Sehr schnell lernt der Hund, die Geräte zu absolvieren. Die wichtigste Herausforderung heutzutage ist aber der Führungsstil. Wie zeige ich dem Hund den einfachsten (für den Hund) zu laufenden Weg? Es ist dies wie beim Skifahren: Die optimal gewählte Linie entscheidet über Sieg und Niederlage. Der Hundeführer ist der Kopf des Teams, und ihm obliegt die Verantwortung, den Hund zielsicher durch und über die Geräte zu bringen. Um das Neuerlernte im Training umzusetzen, finden Sie im Anhang einige Übungsparcour. Viel Spaß dabei!

Wir wünschen uns, dass es uns gelungen ist, mit diesem Buch Interessierten der Zeit entsprechende Unterlagen bereitgestellt zu haben. Wir geben sehr viele Übungsleiterkurse und bemerken immer wieder, dass die Leute zwar »Feuer und Flamme« für diesen Sport sind, aber fachkundige Dokumentationen sehr dünn gesät sind, und hoffen nun, dass wir diese Lücke geschlossen haben.

Wintersingen und Dietikon im Frühsommer 2006

Alexandra Roth und Regula Tschanz-Haas

I. Was ist Agility?

Agility ist ...

... die einzige Sportart, über welche die Aktiven fünf Stunden ununterbrochen reden, und dann immer noch genug Diskussionsstoff haben, um weiterplaudern zu können!

»Ätschi, was?« Das ist in etwa die erste Reaktion, die unsereins vom Gegenüber bekommt, wenn wir erklären wollen, für was wir Wochenende um Wochenende opfern. »Weißt du, das ist eine Hundesportart. Du nimmst ein Pferdespringen und statt den Pferden absolvieren Hunde die Hindernisse«.

»Aber da bewegt sich ja nur der Hund, oder«?

Die Geschichte

»Pausenfüller«

Den ganzen (Erklärungs-)Missstand hat uns ein gewisser Peter Meanwell eingebrockt. Ein Brite wohlgemerkt. 1977 um genau zu sein. Für die Crufts Dog Show (weltweit gesehen die größte und wichtigste Hundeausstellung) wurde er angefragt, etwas als Pausenfüller zu organisieren. Eine Springkonkurrenz mit Hunden als Wettkampfsport, etwas Ähnliches, wie es im Pferdesport gab. Und so präsentierten sich zwei Teams mit je vier Hunden ein Jahr später, 1978, erstmalig an der Crufts, und zeigten wettkampfmäßig, was sie in den vergangenen Monaten an Hindernissen zusammengebaut und an Ausbildung gelernt hatten. Die begeisterten Publikumsreaktionen ließen keinen Zweifel daran, dass es ein nächstes Mal geben würde. Und so wurden für 1979 bereits im ganzen Land Ausscheidungsläufe absolviert, um die drei Teams zu ermitteln, welche an die Crufts durften. Der »Pausenfüller« war nicht mehr aufzuhalten und entwickelte sich zum eigentlichen Vollprogramm. Eine knappe Dekade später begann sich das Agility-Virus auch in der Schweiz und vielen andern Ländern auszubreiten.

Das »Drum und Dran«

Ja, aber was ist »Aschiliti« jetzt genau? Eben, Pferdespringsport mit Hund statt Pferd – inklusive einigen zusätzlichen Hindernissen, mit dem die Pferde ihre liebe Mühe hätten, wie zum Beispiel dem einfachen Sprung, dem Doppelsprung, dem Weitsprung, dem Reifen, der Mauer, dem Sacktunnel, dem Tunnel, dem Slalom, der Wippe, dem Laufsteg, der Wand und dem Tisch. Einfach formuliert haben Hund und Mensch im Agility eine Ansammlung von Hindernissen in einer gewissen Zeit nach Vorgabe und in korrekter Reihenfolge zu absolvieren. Im FCI-Reglement steht, dass Agility als Geschicklichkeitssport und nicht als Geschwindigkeitssport gedacht sei. (Die FCI (Fédération Canine Internationale) ist weltweit der Dachverband im Hundewesen. So sind denn auch gewisse Hindernisse weniger auf Geschwindigkeit und mehr auf Kontrolle ausgelegt, wie zum Beispiel die Kontaktzonenhindernisse. »Böse Zungen« würden sagen, sie sind gedacht, um uns (Hund und Führer) das Training, den Wettkampf und generell das Leben schwer zu machen!

Das mit dem »korrekt Absolvieren« ist so eine Sache. Fehler werden natürlich bestraft, und zwar mit je fünf Fehlerpunkten. Die korrekte Reihenfolge hat es dann schon etwas mehr in sich. Bei den Reitern geschieht dies mitunter etwas seltener, sprich praktisch nie. Dort kann der Reiter direkt mit seinem Körpereinsatz auf das Pferd Einfluss nehmen. Aber im Agility, wo jeglicher Berührungskontakt zwischen Hund und Mensch verboten ist, hat man es etwas schwieriger, um den Hund nur mittels Stimme, Handzeichen und Bodylanguage (Körpersprache) an all den anderen noch nicht, oder nicht mehr erlaubten Hindernissen auf das Richtige hinzusteuern. Das erfordert einen sorgfältig aufgebauten Hund sowie eine intakte Verständigungsebene innerhalb des Teams.

Die anderen, die dieses Problem weniger kennen, weil der Hund nicht wie ein »Wilder« jedes beliebige Gerät anläuft, befassen sich dann normalerweise eher mehr mit dem Problem Zeitlimit, das ein weiterer wichtiger Faktor zur korrekten Bewältigung eines Parcours ist.

Was ist denn jetzt genau Agility?

Agility ist eine klassische Teamsportart. Das Team besitzt sechs Beine. Sechs Beine, die alle in dieselbe Richtung laufen sollten. Denn es geht darum, dass Geräte in der richtigen Reihenfolge (von einem Richter vorgegeben) absolviert werden.

Zum Pferdespringsport gibt es viele Parallelen, nur läuft der Mensch nebenher (oder eben hinterher).

Das Ziel ist dann doch das Gleiche: Möglichst schnelle, ohne Fehler den Parcours zu bewältigen.

Kleine und große Hunde

Agility ist eigentlich für alle offen. Für Grosse und Kleine, für Junge und Alte - Hundeführer wie auch Hunde. Um den Hunden jedoch etwas entgegen zu kommen, werden sie in verschiedene Kategorien eingeteilt:

▶ Mini (Small) Schulterhöhe kleiner als 35 cm
Sprunghöhe Einfachsprung 25 bis 35 cm

▶ Midi (Medium) Schulterhöhe kleiner als 43 cm
Sprunghöhe Einfachsprung 35 bis 45 cm

▶ Standard (Large) Schulterhöhe ab 43 cm
Sprunghöhe Einfachsprung 55 bis 65 cm

Gute und sehr gute Hunde

Im Gegensatz zu den Kategorien (für die Hunde gedacht) gibt es noch Leistungsklassen. In der Schweiz gibt es vier, nämlich A, 1, 2, 3. Die sind dann eher für die Hundeführer gedacht. Dem Hund ist es ja egal, ob er im A oder im 2 startet!

Die Klassen unterscheiden sich im Schwierigkeitsgrad. So ist beispielsweise die Klasse 3 die höchste Klasse. Dort sind die besten Teams des Landes zu finden.

Rassehunde und Mischlinge

In Kontinentaleuropa und in einigen Ländern außerhalb ist Agility hauptsächlich der FCI (Fédération Canine Internationale) zugeordnet. Unter der Leitung der FCI steuern wir bereits auf die 11. Weltmeisterschaft zu, die jedoch, da dies dem Kredo der FCI entspricht, nur

durch Rassehunde besetzt ist. Dennoch ist es aber mehr oder weniger kein Problem auf nationalem Terrain mit Mischlingen zu starten.

> Ja, der Hund, der bewegt sich im Agility. Aber uns bewegt es genauso ...

Geräte

Man unterscheidet die folgenden Hindernisse (Gerätetypen):

Sprünge

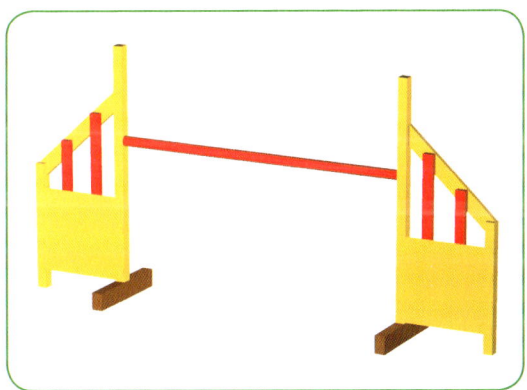

Einfacher Sprung

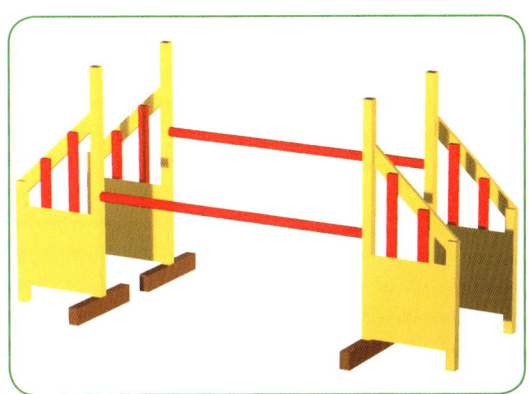

Doppelsprung oder Oxer

Tunnel

Mauer

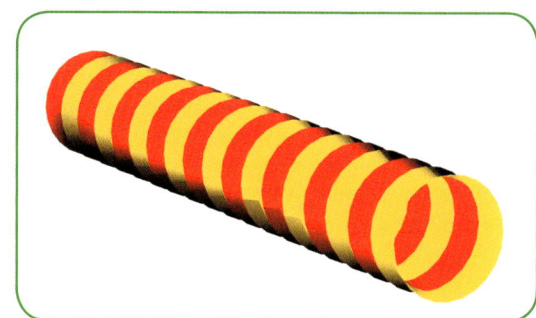

Fester Tunnel

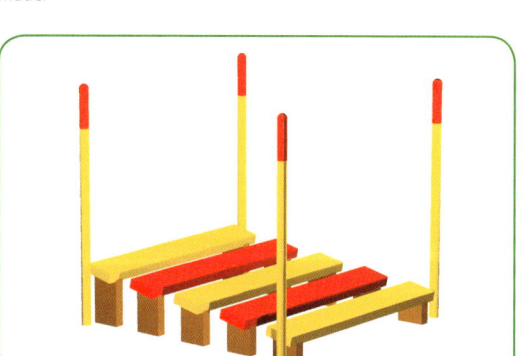

Weitsprung

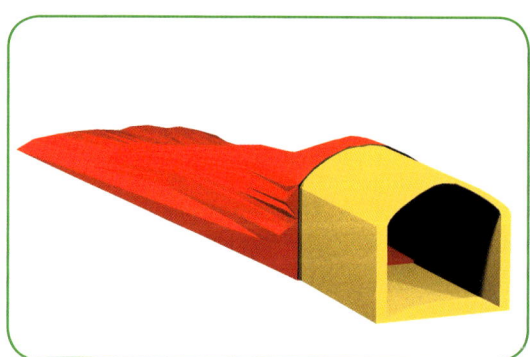

Sacktunnel

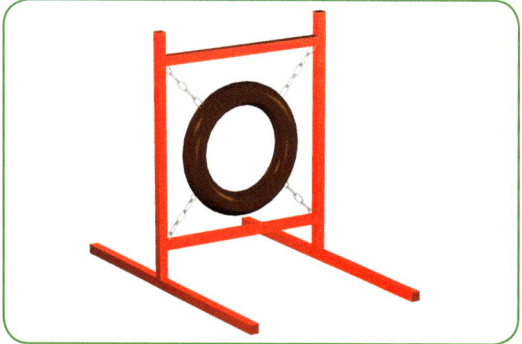

Pneu oder Reifen

Tisch

Tisch

Dort wird der Hund fünf Sekunden geparkt, bis es wieder weitergeht.

Kontaktzonen

Dazu gehören:

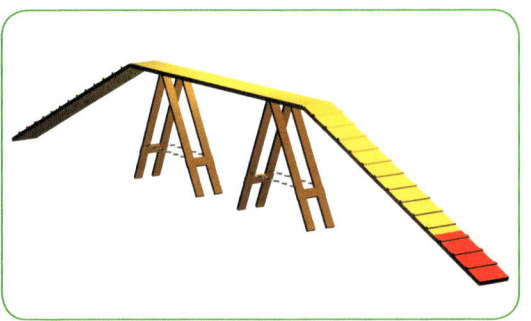

Laufsteg

Wippe

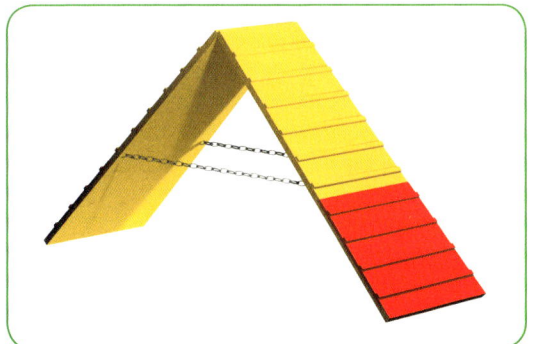

Wand

Den Namen »Kontaktzonengeräte« haben diese Geräte von der markierten Fläche im Anfangs- und Endbereich der Hindernisse, in die der Hund beim Betreten des Gerätes mindestens einen Teil der Pfote setzen muss.

Slalom

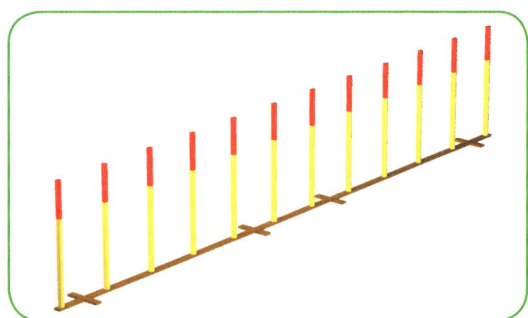

Slalom

Acht bis maximal zwölf Stangen, durch die der Hund in einer bestimmten Richtung fädeln muss. Gestartet wird mit der Slalomstange, die sich links vom Hund befindet.

🐕 Reglement

Wettbewerbe an Agility-Meetings

Es gibt zwei Typen von Wettbewerben: Offizielle Wettbewerbe und Spiele.

Zu den offiziellen Wettbewerben nach FCI gehören:

Agility: Vorgegebener Parcours mit Kontaktzonen (zwingend) und Tisch (nach Ermessen des Richters). Dieser Lauf wird in das Leistungsheft eingetragen und zählt für den Aufstieg (in der Schweiz auch für den Abstieg).

Jumping: Vorgegebener Parcours, aber ohne Kontaktzonen.

Zu den Spielen gehören:

Zeit-Fehler-Aus:
Der Parcours wird in der richtigen Reihenfolge absolviert. Der Hundeführer hat eine gewisse Zeitspanne Zeit,

Punkte zu sammeln. Jedes Hindernis ergibt einen Punkt. Der Parcours ist so ausgelegt, dass der Hund vom letzten Hindernis sogleich wieder über das erste gehen kann, sollte die Zeit noch nicht abgelaufen sein. Start und Ziel kann beispielsweise der Tisch darstellen. Es können nun Punkte gesammelt werden, bis entweder die Zeit abgelaufen ist oder der erste Fehler passiert. Fehler werden durch einen Pfiff des Richters angezeigt und das Zeitlimit durch den Pfiff des Zeitnehmers. Der Hund wird nun so schnell als möglich ins Ziel (beispielsweise Tisch) geschickt. Das Team mit den meisten Punkten und in zweiter Linie der schnelleren Zeit gewinnt.

»Gambler«:
Der Hundeführer kann auf einem von ihm selbst gewählten Parcours Punkte sammeln. Je nach Richter funktioniert dieses Spiel etwas anders. Das Team hat eine bestimmte Zeit, um diese Punkte zu sammeln. Meistens ist es so, dass Kontaktzonen und Slalom nur max. zweimal absolviert werden dürfen. Zwischen Kontaktzonen und Slalom ist meistens entweder ein Sprung oder ein Tunnel zu absolvieren. Geräte dürfen nicht hintereinander (also vor und zurück) genommen werden. Der Richter kann auch einen Joker einsetzen. Dies sind meistens ca. drei bis vier Geräte, die entweder während der Zeit des Punktesammelns absolviert werden müssen. Oder der Hundeführer hat eine bestimmte Zeit zum Schluss zur Verfügung (nachdem der Zeitnehmer gepfiffen hat), um den Joker zu absolvieren. Das Spiel ist je nach Richter sehr unterschiedlich, also lohnt es sich, bei der Parcoursbegehung gut zuzuhören.

Fehler
(Auszug aus dem Schweizerischen Reglement, welches dem FCI-Reglement unterstellt ist)

Zeitfehler
Das Überschreiten der Standardzeit wird pro Hundertstelsekunde mit 0.01 Fehlerpunkten gewertet und als Zeitfehler bezeichnet.

Fehler allgemeiner Art
Jeder Fehler wird mit fünf Fehlerpunkten gewertet.

▶ Berühren des Hundes durch den Hundeführer während des Laufes, sofern sich daraus für das Team ein Vorteil ergibt.
▶ Jedes absichtliche Berühren von Hindernissen durch den Hundeführer während des Laufes.

Abwurf
Jeder Abwurf wird mit fünf Fehlerpunkten gewertet.

Kontaktzonen
Jede nicht korrekt absolvierte Kontaktzone wird mit fünf Fehlerpunkten gewertet.
Auf der Schrägwand, der Wippe und dem Laufsteg muss der Hund unbedingt wenigstens einen Teil der Pfote auf die Kontaktzone beim Aufstieg und beim Abstieg setzen.

Verweigerung
Jede Verweigerung wird mit 5 Fehlerpunkten gewertet. Wenn der Hund bei der Absolvierung des Gerätes eine Verweigerung begeht, muss der Hundeführer seinen Hund auf das verweigerte Hindernis erneut ansetzen, sonst wird das Team disqualifiziert. Die dritte Verweigerung auf dem Parcours ergibt automatisch eine Disqualifikation.

Als Verweigerung gilt:
▶ Anhalten des Hundes vor dem zu absolvierenden Hindernis.
▶ Seitliches Ausweichen des Hundes, um das zu absolvierende Hindernis zu vermeiden.
▶ Vorbeilaufen am zu absolvierenden Hindernis, welches den Hund zu einer halben Umdrehung zwingt, um das Hindernis erneut anzugehen.
▶ Hund, der nicht mehr in Bewegung ist.

Spezifische Fehler und Verweigerungen bei einem Hindernis
Hürde
▶ Läuft der Hund unter der Stange durch, ohne dass die oberste Stange fällt, wird eine Verweigerung ausgesprochen.

▶ Läuft der Hund unter der Stange durch und die oberste Stange fällt, gilt dies als Zerstörung des Hindernisses (Disqualifikation).

Tisch

▶ Der Hund muss während eines Zählintervalls von 5 Sekunden auf dem Tisch bleiben. Es ist keine bestimmte Position vorgeschrieben. Das Abzählen der Zeit beginnt erst, wenn der Hund auf dem Tisch ist.

▶ Der Hund darf den Tisch erst nach dem Signal des Richters verlassen. Tut er dies dennoch, wird ein Fehler gewertet. Er muss wieder auf den Tisch zurück und nochmals das gesamte Zählintervall und das Signal des Richters abwarten, sonst wird er beim nächsten Hindernis disqualifiziert.

▶ Der Sprung auf den Tisch ist von drei Seiten her erlaubt, nur nicht von der hinteren. Wenn der Hund am Tisch vorbei geht oder den Tisch unterquert, so wird dies als Verweigerung gewertet.

Laufsteg

Das Abspringen vom Laufsteg ohne vorheriges Berühren des absteigenden Teils mit allen vier Pfoten wird als Verweigerung gewertet.

Wippe

▶ Das Abspringen von der Wippe vor dem Überschreiten der Wippenachse wird als Verweigerung gewertet.

▶ Das Verlassen der Wippe vor deren Berührung mit dem Boden wird als Fehler gewertet.

Schrägwand

Das Abspringen von der Wand ohne vorheriges Berühren des absteigenden Teils mit allen vier Pfoten wird als Verweigerung gewertet.

Slalom

▶ Zu Beginn muss sich der erste Slalompfosten auf der linken Seite des Hundes befinden, der zweite rechts und so weiter. Wenn der Hund den Slalom falsch beginnt, wird dies als Verweigerung gewertet.

▶ Alle falschen Eingänge werden als Verweigerung gewertet.

▶ Verfehlt der Hund ein Tor, wird dies als Fehler gewertet. Auf jeden Fall muss der Hundeführer den Fehler sofort korrigieren, indem er seinen Hund zur Fehlerstelle oder an den Anfang des Slaloms zurückführt. Der Slalom ist das einzige Hindernis, bei dem der Hund zur Fehlerstelle zurückgehen muss. Dadurch wird er in der Zeit bestraft. Zurzeit wird abgewägt, ob ab 2007 der Slalom immer von Anfang bis zum Schluss gemacht werden muss und keine Korrekturen mehr geduldet werden.

▶ Im Falle eines falschen Ausganges aus dem Slalom wird eine Disqualifikation ausgesprochen, wenn der Hundeführer diesen nicht korrigiert und ohne Korrektur das nächste Hindernis angeht. Die Korrektur kann durch das korrekte Passieren des letzten Tores oder durch einen korrekten neuen Slalomdurchgang erreicht werden.

▶ Die Fehler im Slalom werden auf maximal fünf Fehlerpunkte begrenzt. Maximal sind somit 15 Fehlerpunkte möglich. (Zwei Verweigerungen ergeben zum Beispiel 10 Punkte und ein oder mehrere Fehler ergeben fünf Punkte).

Fester und Stoff-/Sack-Tunnel

▶ Steckt der Hund eine Pfote oder den Kopf in den Tunnel und zieht sich dann wieder zurück, wird dies als Verweigerung gewertet.

▶ Wendet der Hund im Tunnel und verlässt ihn auf der Eingangsseite, wird dies als Verweigerung gewertet.

Pneu

Springt der Hund zwischen Rahmen und Pneu statt durch die Pneuöffnung, wird dies als Verweigerung gewertet.

Weitsprung

▶ Überspringt der Hund das Hindernis in der Breite, wird dies als Verweigerung gewertet.

▶ Das Umwerfen eines Elementes wird als Fehler gewertet.

▶ Das Setzen mindestens einer Pfote auf oder zwischen die Elemente wird als Fehler gewertet.

▶ Das Gehen im Weitsprung (ohne Sprungansatz) wird als Verweigerung gewertet.

Kombination von zwei oder drei Hindernissen
▶ Jedes Element einer Kombination wird unabhängig beurteilt.
▶ Verweigerungen oder Abwürfe werden pro Element beurteilt.
▶ Im Falle der Verweigerung eines Hindernisses ist beim ersten Hindernis der Kombination neu zu beginnen.

Disqualifikation

Eine Disqualifikation bedeutet, dass der Hundeführer den Parcours zusammen mit seinem Hund sofort zu verlassen hat. Der Richter kann beim Briefing andere Anweisungen geben.

Die Disqualifikation muss vom Richter durch einen Pfeif-ton und/oder ein Handzeichen angezeigt werden. Alle in der nachstehenden Aufstellung nicht vorgesehenen Fälle werden durch den Richter beurteilt. Selbstverständlich muss der Richter vom Beginn bis zum Ende des Wettbe-werbes für alle Teams den gleichen Maßstab ansetzen.

Folgende Fehler ziehen eine Disqualifikation nach sich:
▶ Unkorrektes Verhalten des Hundeführers gegenüber dem Richter.
▶ Aggressives Verhalten des Hundes gegenüber dem Ringpersonal.
▶ Misshandlung eines Hundes.
▶ Überschreiten der Maximalzeit.
▶ Dritte Verweigerung auf dem Parcours.
▶ Hindernisse nicht in der richtigen Reihenfolge/von der falschen Seite angehen.
▶ Hundeführer über-/unter-/durchquert selbst ein Hindernis.
▶ Hundeführer hält während des Laufes etwas in der Hand.
▶ Hund trägt während dem Lauf irgendein Halsband.
▶ Hund verlässt den Parcours oder befindet sich nicht mehr unter Kontrolle des Hundeführers.

▶ Hund versäubert sich auf dem Parcours.
▶ Hund oder Hundeführer zerstören ein Hindernis vor dessen Absolvierung; Ausnahme: Erfolgt die Zerstörung während der ersten Absolvierung des Hindernisses (wird mit Fehler gewertet) und folgt dieses im späteren Ablauf des Parcours nochmals.
▶ Berührung des Tischs mit elektronischer Zone durch den Hundeführer mit Auslösung der Zeitnahme.
▶ Hund geht im Slalom mehr als zwei Tore in die falsche Richtung.

Qualifikationen

Für den Wettbewerb werden folgende Qualifikationen zuerkannt:

▶ Vorzüglich (v) 0 bis 5.99 Gesamtfehlerpunkte
▶ Sehr gut (sg) 6 bis 15.99 Gesamtfehlerpunkte
▶ Gut (g) 16 bis 25.99 Gesamtfehlerpunkte
▶ Nicht klassiert (nk) ab 26.00 Gesamtfehlerpunkte

Wettbewerbsteilnahme

An den Wettbewerben (offizielle Wettbewerbe und Spiele) können Hunde ab einem Minimalalter von 18 Monaten teilnehmen.

Wettbewerbsausschluss

▶ Hunde, welche bei einer allfälligen Tierarztkontrolle ausgeschieden werden.
▶ Die gesetzlichen Bestimmungen für Impfungen sind einzuhalten.
▶ Hunde, welche gemäß der Beurteilung des Richters verletzt oder physisch offensichtlich nicht zur Bestrei-tung eines Wettbewerbs in der Lage sind.
▶ Läufige Hündinnen. Ausnahme: zu den Qualifika-tions- und Finalläufen
▶ Trächtige Hündinnen sind zum Schutz der Hündin und der ungeborenen Welpen ab der abgeschlossenen fünften Woche nach dem Deckakt von sämtlichen Agi-lity-Meetings ausgeschlossen.
▶ Hündinnen mit Welpen sind bis und mit der achten Woche nach der Geburt der Welpen von sämtlichen Agility-Meetings ausgeschlossen.

II. Vom Junghund zum Agilityhund

Von der Belastbarkeit des Skelettes des Hundes in der Wachstumsphase

(Auszug aus Rosmarie Wild, Labrador Retriever, Müller Rüschlikon Verlags AG)

Während der Zeit des intensivsten Wachstums – zwischen dem ersten und dem neunten Monat – sind sowohl die knorpeligen als auch die knöchernen Anteile des Skelettes sehr fragil und somit den enormen mechanischen Belastungen nicht in ausreichendem Maße gewachsen. Dies gilt besonders für die Knochen und Gliedmaßen im Bereich der Wachstumszonen, das heißt in und um die Epiphysenfuge (Wachstumszone) und in den Gelenksknorpeln. Der Gelenksknorpel und der Knorpel der Epiphysenfuge ist zur Zeit des intensivsten Wachstums – und nur zu dieser Zeit – mit Blutgefäßen, welche die Verknöcherung einleiten, durchsetzt. Dadurch ist aber die ohnehin schon geringe Stabilität des wachsenden Knorpels vermindert. Der Knochenschaft rund um die Epiphysenfuge fängt gerade an sich zu bilden, d.h. er besteht noch vorwiegend aus Bindegewebe.

Starke mechanische Belastungen können sowohl im Gelenksknorpel der Epiphysenfugen, als auch im gerade neu gebildeten Knochengewebe Schäden verursachen. Schäden im Knochengewebe – in der Regel Mikrofrakturen – heilen spontan. Schäden im Knorpel der Epiphysenfuge leiten zu fehlerhaften Verknöcherungen, die in der Regel durch den Heilungsprozess problemlos korrigiert werden (unter der Aufsicht Ihres Tierarztes). Schäden im Gelenksknorpel hingegen können zu bleibenden Arthrosen führen. Auch die Ansatzstellen von Bändern und Sehnen erreichen ihre volle Belastbarkeit erst nach Abschluss der intensivsten Wachstumsphase. Übermäßige Belastung kann zu Zerrungen führen, die, wenn noch die Knochenhaut einbezogen wird, sehr schmerzhaft sein können, was mit Hinken quittiert wird.

> **Da** *Agility eine erhebliche Belastung für den Hund ist, ist es sinnvoll, mit dem »richtigen« Geräteaufbau erst mit einem ausgewachsenen Hund zu beginnen.*

Gezielte Agility-Vorübungen mit dem Junghund

(nach Alexandra Roth)

Jeder, der sich einen Welpen kauft und den Wunsch verspürt, mit diesem Agility zu betreiben, wird leider von den meisten Vereinen darauf vertröstet, dass er Agility gerne betreiben darf, aber dies erst, wenn der Hund ein Jahr alt ist, dies aus gutem Grund (siehe Seite 17). Sicherlich ist dieses vernünftig in Bezug auf die Gesundheit, handelt es sich um den Geräteaufbau. Jedoch geht wertvolle Zeit verloren, in der der Hund sehr einfach aufzubauen ist und ihm grundlegende, fürs Agility wertvolle Dinge vermittelt werden können. Es versteht sich von selbst, dass die Gesundheit des Hundes an erster Stelle steht und verschiedene

Übungen auch erst geübt werden sollen, wenn das Alter des Hundes dies zulässt (wie zu Beispiel Treppensteigen).

Hier folgen diverse Spiele oder Übungen, welche mit etwas Fantasie sicherlich noch ergänzt werden können.

Viel Spaß mit dem zukünftigen Agilityhund!!! Es ist bestimmt nicht erwiesen, dass diese Übungen zu einem Weltmeisterteam führen, aber nützen sie nichts, schaden sie bestimmt auch nicht und geben uns eine tolle Möglichkeit, uns mit dem Hund sinnvoll zu beschäftigen.

Einige Hunde sind weniger für ein Spielzeug zu begeistern, was ich bedaure. Mit einem Hund, welcher Spielzeuge liebt, lässt es sich etwas einfacher und variierter arbeiten, denn auch bei diesem Hund kann Futter eingesetzt werden. Es gibt auch Spielzeuge, welche mit Futter bestückt werden können. Diese können auf der Homepage www.magicpaws.ch angeschaut und bestellt werden.

> **Welche** *Kommandos Sie dabei wählen, ist Ihnen überlassen. Beachten Sie bitte, dass Sie keine ähnlichen Kommandos verwenden, wie Aus und Außen. Aus diesem Grunde verwenden wir für die Agility-Spiele oft englische Begriffe, weil diese im Alltag noch nicht besetzt sind. Machen Sie sich also Gedanken über die einzelnen Kommandos, beziehen Sie auch Alltagssituationen mit ein. Beispiel: Bei einem Hund namens Scout nicht unbedingt das Out zum Wegschicken gebrauchen! Wichtig ist dabei, dass Sie strikt immer dasselbe Kommando benutzen und die Lernschritte nicht zu groß ansetzen. Lassen Sie Ihren Hund (vor allem den jungen Hund) immer mit Erfolg arbeiten. Zeigen Sie dem Hund auf, was er schon kann, nicht, was er nicht kann. Nicht jeder Hund ist für jede Übung gleich begabt. Achten Sie also darauf, dass Sie ihm immer die Freude an der Arbeit vermitteln.*

»Äh-Äh-Spiel«

Da ich eine clickerbegeisterte Hundesportlerin bin, habe ich diese Übung mit einem Clicker geübt. Inspiriert hat mich der Border Collie bei der Fernsehsendung »Wetten dass«, der 150 verschiedene Spielzeuge zu differenzieren weiß.

Sehr bald hat der Welpe gelernt, das Spielzeug seinem Besitzer zu bringen. Nun möchte ich aber, dass mein Hund das Bärchen, den Igel, das Häschen und den Ball zu unterscheiden lernt. Zu Beginn hat der Hund nur ein Spielzeug (zum Beispiel den Ball), welches er bringen kann, um dafür bestätigt zu werden. Bringt der Hund zuverlässig dieses Spielzeug zurück, wird ein zweites Spielzeug dazu gelegt (zum Beispiel der Bär). Jetzt wird der Hund wieder den Ball bringen, weil er damit eben vorhin erfolgreich war. Mit einem Lächeln im Gesicht sage ich »Äh-Äh«, dies soll den Hund zum Weiterarbeiten motivieren. Dieses »Äh-Äh« soll dem Hund vermitteln, dass sein Verhalten ansatzweise gut ist, aber noch nicht wirklich das erwünschte. Nachdem der Hund mit dem Ball ja jetzt nicht erfolgreich war, wird er es irgendwann mit dem anderen Spielzeug versuchen. Jetzt wird er gelobt und mit ihm gespielt. Dieses Spiel lässt sich beliebig lange wiederholen. Jedes Mal, wenn der Hund nicht das richtige Spielzeug bringt, wird ihm mit einem »Äh-Äh« vermittelt, dass es nicht genau richtig war, aber doch ansatzweise und dass er es weiterversuchen sollte. Mit diesem Spiel lässt sich später auf dem Agilityplatz das Nein vermeiden. Immer wenn der Hund etwas nicht ganz richtig macht, kann ich ihm mit dem »Äh-Äh« mitteilen, dass er sich auf dem richtigen Weg befindet und dass ich seine Arbeit wertschätze, aber es noch nicht genau das Verhalten ist, welches Erfolg und Bestätigung bringt. Vor allem bei der Arbeit mit nicht so triebstarken Hunden, ist es unerlässlich, dass eine Korrektur nicht zu hart ausfällt. Viele dieser Hunde sind über ein »Nein« verunsichert. Dem Hund wird auf diese Weise vermittelt, dass er in der Übung nicht korrigiert wird, sondern nur zu besserer Arbeit motiviert.

»Ready-Steady-Go«

Mein absolutes Lieblingsspiel, mit welchem sich auch im Obedience sehr viele Übungen anlernen lassen, ist »Ready-Steady-Go«. Es bedeutet nichts anderes als »Achtung-Fertig-Los«. Bei den meisten Hunden in der Schweiz ist jedoch das »Fertig« negativ oder anders verknüpft (zum Beispiel als Schluss eines Spieles, etc.). Aus diesem Grund liegt mir der englische Ausdruck besser. Wenn ich heute nur das »R« rolle, gehen bei meinen Hunden die Ohren hoch, der Fang schließt sich, und der Hund kommt in eine unendliche Spannung. Seine Erwartungshaltung auf das darauf Folgende ist durch und durch positiv.

Das Spiel:

Mit Welpen mache ich dieses Spiel am liebsten mit dem Futternapf, da sich die meisten jungen Hunde aufs Futter stürzen. Das Futter wird hingestellt, der Welpe wird einen Meter davon entfernt in Richtung Futternapf hingestellt und am Fell oder an der Brust festgehalten (meine Hunde mögen es sehr, wenn man sie am Fell festhält). Mit einem »Ready-Steady-Go« wird der Hund losgelassen und er soll sich auf das Futter stürzen. Mit der Zeit werden das »Ready« und das »Steady« ausgedehnt gesprochen und mit einem motivierten »Go« wird der Hund losgeschickt. So kann man die Spannung noch etwas ausdehnen. Auch wird die Distanz zum Fressnapf immer größer gewählt.

Dieses »Ready« vermittelt nun dem Hund, dass etwas Tolles folgt. Wenn der Hund dies verknüpft hat, wird dieses Spiel auf das Spielzeug umgepolt. Bitte beachten Sie, dass die Distanzen zu Beginn nicht zu groß gewählt werden, damit der Hund keinen Fehler machen kann. Das Spielzeug wird dem Hund gezeigt und vor ihn hingelegt. Der Hund wird ca. zwei Meter vom Spielzeug weg platziert und der Hundeführer löst den Start durch das »Ready-Steady-Go«-Kommando aus. Jetzt rennt der Hundeführer mit dem Hund zum

»Ready-Steady-Go«

Spielzeug, und wenn der Hund vor dem Hundeführer ankommt, wird gespielt. Sollte der Hundeführer vor dem Hund ankommen, ist es die Beute des Hundeführers. Dieser spielt nun mit dem Ball alleine und schaut den Hund nicht an. Danach gibt der Hundeführer dem Hund nochmals die Chance, sich das Spielzeug zu verdienen. Dies ist ganz wichtig: Hunde sind ja nicht blöd! Wenn vor allem etwas weniger motivierte Hunde merken, dass sie sich nicht bemühen müssen, und der Hundeführer zum Spielzeug rast, dieses aufnimmt und dann mit ihnen spielt, werden sie sich denken: warum anstrengen, wenn der Meister das selber übernimmt.

Das Spiel wird erst beendet, wenn der Hund gewinnt. Sollte der Hund partout nicht gewinnen wollen, so agiere ich so, wie wenn ich zu diesem Spielzeug hinrennen würde, dabei mache ich kleine Schritte und sehe zwar aus, wie wenn ich alles geben würde und renne, komme aber in der Tat nicht vorwärts. Sollte der Hund sich wider Erwarten nicht für das Spielzeug interessieren, nehme ich eine kleine Dose und lege Futter drauf und fange wieder von vorne an.

Achtung: Wenn der Hundeführer gewinnt, wird das Futter samt der Dose aufgenommen, ansonsten wird sich ihr Hund mit dem Beschnüffeln dieser Dose beschäftigen.

Sobald die Distanz größer wird, habe ich das Wort »Go« mit meinem »Vor« ersetzt (Vor bedeutet nicht, dass der Hund vor mir sein soll, sondern es handelt sich dabei um ein Richtungskommando »geradeaus«. Nun kann ich mich auch auf der Strecke zwischen Hund und Spielzeug Sprungausleger hinstellen und den Hund durch diese Ausleger durch laufen lassen. Zu Beginn stelle ich die Ausleger so breit, dass ich mit dem Hund zwischendurch laufen kann und gehe dazu über, dass der Hund auf der inneren Seite der Ausleger durchläuft und ich auf der äußeren.

Dieses Spiel wird in den folgenden Kapiteln noch variiert.

Zu Beginn helfen Sie dem Hund, indem Sie ihm mit der Hand zeigen, was Sie von ihm wollen ...

Bodenarbeit

Mit Pferden macht man sehr viele Übungen, damit sie ein Gefühl für ihre Beine und Hüfe bekommen. Viele Vierbeiner sind sich wohl über die Vorhand bewusst, aber bei den meisten läuft die Hinterhand einfach mit. Es ist aber sehr wichtig, dass ein Agility-Hund über eine gute Koordination seiner Hinterläufe verfügt. Dazu gibt es einige sehr gute Übungen. Es geht hier auch nicht darum, dass der Hund dies möglichst schnell macht, machen Sie die Übungen ruhig (Konzentration erfordert Ruhe) und belohnen Sie die richtigen Ansätze.

Leiter laufen:

Am besten eignet sich dafür eine alte Holzleiter, die keine gefährlichen Kanten aufweist. Diese legen Sie nun einfach auf den Boden und gehen mit Ihrem Hund ruhig darüber. Es geht zu Beginn darum, dass der Hund seine Pfoten in die Zwischenräume stellt und auch, dass er die Laufe leicht anheben muss und nicht einfach »schlurfen« kann. Bei größeren Hunden

oder schon älteren Tieren kann man einen Untersatz darunter stellen, damit der Hund die Beine noch mehr anheben muss (bitte höchstens halbe Ellenbogenlänge, ansonsten fängt der Hund zu springen an und das ist nicht das Ziel der Übung). Sagen Sie noch nichts, der Hund lernt sehr schnell, nicht auf die Sprossen zu stehen, sondern die Beine so zu manövrieren, dass er sie in die Zwischenräume stellt.

Höhere Schule ist dann allerdings das »richtige« Leiterlaufen, das heißt, dass der Hund auf den Sprossen läuft und nicht in den Zwischenräumen. Lassen Sie sich inspirieren, aber überfordern Sie auf keinen Fall den Hund. Was leicht aussieht, erfordert viel Koordination.

Stangen laufen:

Für junge Hunde eignet es sich sehr gut, leere Getränkedosen in der Mitte einzuknicken und darauf Stangen zu legen. Diese haben unterschiedliche Abstände und sind nahe beieinander gelegt. Wiederum geht es nur darum, dass der Hund geht oder maximal trabt und nicht springt. Keine Angst, sobald die Stangen auf Höhe

... danach sollte der Hund sich voll und ganz auf die Stangen konzentrieren können.

Stangenmikado

seiner Ellbogen sind und der Hund mit mehr Tempo arbeitet, kann er gar nicht anders als springen. Sie bringen dem Hund also nichts Schlechtes bei.

Wann immer der Hund jetzt die Stange berührt, sage ich »Äh-Äh«. Bei einer erfolgreichen Absolvierung lobe ich den Hund. Für mich gibt es zwischen Touchieren und Werfen keinen Unterschied, denn beim Touchieren ist es reine Glücksache, ob eine Stange fällt oder nicht. Erst bitte nur mit einer Stange, dann zwei, usw. Jedes

Mal, wenn Sie sich sicher sind, dass der Hund bei der Übung Erfolg hat, legen Sie eine Stange dazu.

Stangenmikado ist auch ganz lustig. Sie legen die Stangen in einen Kreis und auf einem Ende aufeinander. Somit werden die Stangen immer höher. Nun beginnen sie am tiefen Ende und laufen diesen Kreis (Sie außen und der Hund über die Stangen). Wenn der Hund eine Stange berührt, kracht meist das Ganze zusammen und der Hundeführer muss dies wieder aufbauen.

Geschicklichkeitsspiel

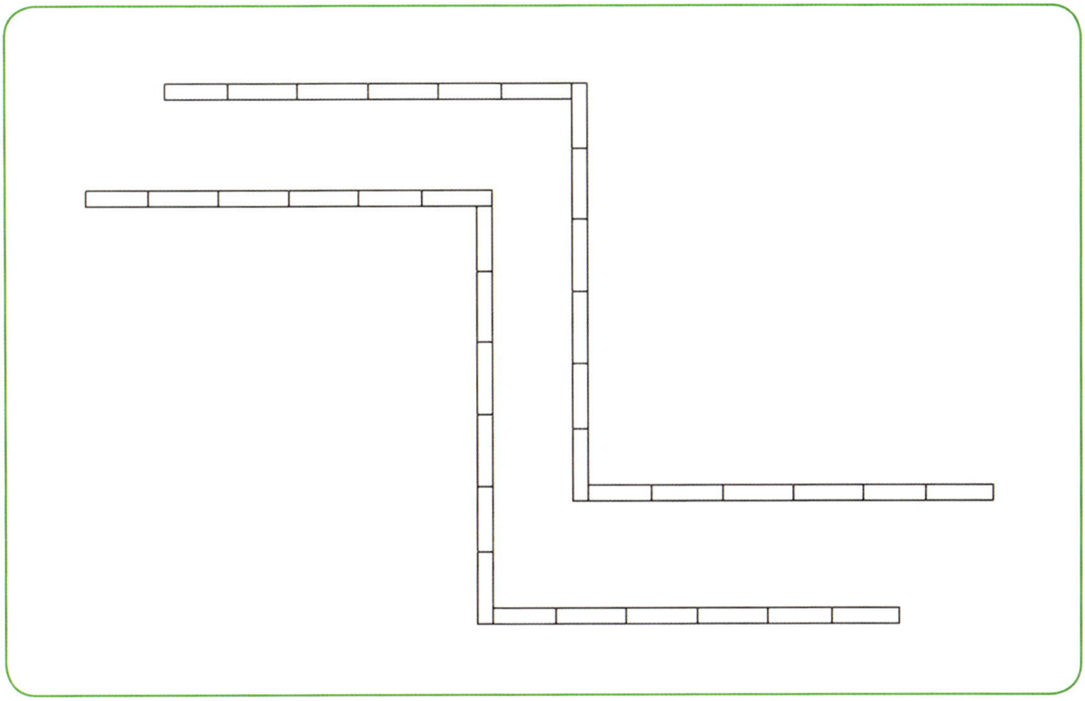

Bei meinen Schülern hat das die Hundeführer geschult, vorsichtig mit dem Hund zu arbeiten und ihn nicht mit Geschwindigkeit zu überfordern. Sie können auch eine kleine Pylone (wie im Obedience verwendet) in die Mitte stellen und die Stangen darauf stellen. Dies eignet sich für fast erwachsene Hunde, weil die Stangen dann etwas höher liegen.
Sie können auch Stangen ähnlich dem Geschicklichkeitsreiten legen.

Hier geht es darum, dass der Hund die seitlichen Stangen nicht berührt.

Rückwärts gehen:
Wenn der Hund diese Übung vorwärts erfolgreich kann, können Sie dies auch rückwärts versuchen.
Wenn der Hund rückwärts läuft, erfordert dies eine noch größere Koordination über seine Hinterläufe. Rückwärts zu laufen lernen Sie am besten mit dem Cli-cker über das Shapen. Wenn Sie nicht mit dem Clicker arbeiten wollen, nehmen Sie ein Leckerchen und halten es dem Hund erst vor die Nase und fahren mit der Hand (inkl. Leckerchen) auf seine Brust. Um das Leckerchen nun zu erwischen wird der Hund freiwillig rückwärts gehen. Üben Sie dies aber erst ohne irgendwelche Geräte. Wenn der Hund die Übung verstanden hat, können Sie alle oben erwähnten Übungen rückwärts machen. Wenn Sie nicht allzu hohe Treppenstufen haben oder einen nicht zu kleinen Hund (der auch nicht mehr zu jung ist), können Sie auch rückwärts Treppen steigen. Zu Beginn suchen Sie sich aber tiefe Stufen (zum Beispiel Bordsteine auf wenig befahrenen Straßen, versteht sich).

Dies erfordert unendliche Konzentration und beim richtigen Ausüben, machen diese Übungen enormen Spaß. Bitte üben Sie nicht zu lange, sondern kurz und erfolgreich.

Baumstamm-Laufen: Helfen Sie erst mit einem Keks, um dem Hund zu zeigen, was Sie von ihm wollen. Lassen Sie den Hund keine schwierigeren Übungen machen, solange er unsicher ist und beispielsweise züngelt.

Balance-Übungen

Für einige Hunde ist es nicht einfach, die Balance zu halten. Diese ist für den Sport aber extrem wichtig. Viele Hunde, die die Bewegung der Wippe nicht mögen, haben auch Stress beim Autofahren, weil sie nie gelernt haben, ihren Körper auszubalancieren. Der Hund soll also von klein auf lernen, die Balance zu halten. Dazu gibt es in Welpenschulen schon einige tolle Geräte, wie Wackelbretter (dies sind Bretter mit Sprungfedern unten) oder ein rundes Brett, welches in der Mitte mit einer Kugel erhöht ist und auf alle Seiten kippen kann. Solche Geräte sind auch leicht nachzubauen. Die Hunde sehen unheimlich stolz aus, wenn diese einmal heraus-

gefunden haben, wie sie das Gerät beherrschen und sich ausbalancieren können.

Sie können aber auch den Hund ganz einfach über schmale Baumstämme laufen lassen. Aber aufpassen: Rutschgefahr! Wenn er zusätzlich »Sitz« und »Platz« machen muss, erfordert dies zusätzlich Konzentration. Auch lernt der Hund schon, sich auf schmalen Sachen zu bewegen, was danach auch für den Laufsteg enorm wichtig ist.

Viele Hunde mögen es nicht, wenn sich der Untergrund bewegt. Dazu gibt es auch einige Übungen. Was mir als Gerät am besten gefällt, ist das Schaukelbrett. Es ist eine Transport-Palette, welche zum Beispiel oben

mit Teppich belegt ist. Alle vier Ecken sind mit Seilen versehen und diese werden an einen Baum geknotet. So ist es fast wie eine Kinderschaukel – einfach breiter – und sie braucht auch gar nicht hoch zu sein.

Stellen Sie den Hund erst auf ein normales, stabiles Brett und drücken auf einer Seite gegen den Hund. Jetzt muss er lernen, dem Druck stand zu halten und zu kontern. Dies können Sie mit einem kleinen Hund zum Beispiel auch auf einem Stuhl üben. Den Stuhl heben Sie nun auf einer Seite, so dass der Hund lernen muss, sich auch auf unebenen Bodenverhältnissen auszugleichen. Wenn der Hund nun gelernt hat, seinen Körper auszubalancieren, gehen Sie mit ihm auf das Schaukelbrett.

Versuchen Sie erst das Brett ruhig zu halten, damit der Hund keinen Stress hat. Auch hier versuchen Sie in kleinen Schritten vorwärts zu gehen und den Hund nicht zu überfordern. Wenn der Hund sich sichtlich wohl fühlt und keine Beschwichtigungsmerkmale (wie züngeln, gähnen, etc.) zeigt, können Sie das Schaukelbrett leicht bewegen. Bestätigen Sie den Hund immer wieder zwischendurch und zwar nur in Situationen, in welchen der Hund weder Angst noch Unsicherheit zeigt. Der Hund soll sich so wohl wie möglich fühlen. Versuchen Sie auch immer zu lächeln und den Spaß an solchen Übungen nicht zu verlieren. Es ist Training für den Ernstfall, hat aber mit Agility selbst noch nichts zu tun. Auch heißt es gar nicht, dass ein Hund, der sich zu Beginn diesen Geräten gegenüber sehr unsicher zeigt, später ein unsicherer Agility-Hund sein wird. Alles ist eine Übungssache, und eine gesunde Vorsicht fremden Dingen gegenüber war und ist schließlich für Wölfe überlebenswichtig.

Nehmen Sie ein schmales Holzbrett und legen Sie in der Mitte beispielsweise einen kleinen halben Holzstamm oder einen flachen Stein darunter. Nun fungiert das Brett als kleine Wippe. Platzieren Sie den Hund vor diesem Brett und führen Sie ihn darauf. Wenn nötig, halten Sie ihm ein »Gutzi« vor die Schnauze und motivieren Sie ihn so, über das Brett zu gehen. Gehen Sie nicht zu schnell vorwärts, es ist wichtig, dass der Hund alle seine Pfoten auf dem Brett behält.

Wenn Sie den Mittelpunkt überwunden haben, kippt das Brett leicht und der Hund soll lernen, sich auf einem schwankenden Objekt auszubalancieren.

Wenn der Hund diese Übung beherrscht, können Sie auch auf dem Kipppunkt ein Sitz oder Platz einführen. Dies fordert vom Hund noch mehr Balance, als einfach übers Brett gehen.

Sollte der Hund zögern oder Unsicherheit zeigen, weil sich das Brett bewegt, nehmen Sie ein Spielzeug in die Hand und motivieren Sie ihn spielerisch über das Brett zu gehen. Es ist in diesem Stadium egal, wenn er nicht zu 100 % die Pfoten auf dem Brett behält, wichtig ist, dass er die Unsicherheit gegenüber diesem Brett verliert.

Sitz auf Baumstamm.

Kleine Wippe laufen.

Druck positiv vermitteln

Meine erste Hündin war der »Nullerhund« schlechthin. 90 % der Läufe brachte sie auf dem Podest nach Hause. War es jedoch ein Qualifikationslauf für eine WM oder Schweizer Meisterschaft, hatten wir meist Fehler und schlechtere Zeiten. Das heißt, obwohl ich nach außen nicht nervös wirkte und auch sonst keinen anderen Führungsstil hatte, spürte mein Hund den mentalen Druck und konnte damit nicht umgehen. Auch sagte mir mal ein renommierter Hundesportler, dass mein Hund Druck nur negativ kenne. Das war für mich ausschlaggebend, darüber mal nachzudenken. Lässt sich Druck positiv vermitteln? Da ich vor allem kleine Hunde besitze (selbst meine Border Collies sind sehr klein!),

habe ich versucht, in einer für den Hund positiven Situation wie das Spiel, Druck positiv zu vermitteln. Wenn der Hund ein motivierter Zerrspielehund ist, dann beuge ich mich inmitten des Spiels über den Hund (dominante Gestik) und lasse in diesem Moment den Hund gewinnen. Zusätzlich kann ich auch noch knurren und den Hund gewinnen lassen. Dass dieses Spiel nur bei Teams angewendet werden soll, bei welchen die Rangordnung auch stimmt, versteht sich von selber. Bei einem eher scheuen, unsicheren Hund, versuche ich dies in angenehmer Umgebung (zum Beispiel zu Hause) umzusetzen und nach und nach auch in Situationen, in welchen der Hund nicht ganz sicher ist. Wichtig ist, dass der Hund merkt, dass Druck auch eine Chance zum Gewinnen sein kann. Mein junger Hund hat zwar zu Beginn unter Druck überdreht und übermotiviert ein falsches Gerät genommen, dies hat sich aber nach wenigen Wettkämpfen unter größerer Belastung gelegt. Ich variiere den Gewinnschlüssel, einen schwachen Hund lasse ich acht von zehnmal gewinnen, aber trotzdem muss auch ein schwacher Hund lernen, mit dem Verlust des Spielzeuges umzugehen. Einen starken Hund lasse ich nicht so oft gewinnen.

Viele Leute sagen, dass ihr Hund nicht spielt. Spielen Sie bitte mit Ihrem Welpen in ablenkungsfreier Umgebung. Für Wolfswelpen ist es überlebenswichtig, sich bei Gefahr beim Spielen schnell ablenken zu lassen, sonst werden sie gefressen. Schließlich schlummert in unseren Hunden in vielerlei Hinsicht noch das Verhalten seiner Vorfahren. Also erst, wenn der Hund mit Ihnen freudig drinnen in gewohnter Umgebung spielt, gehen Sie nach draußen in den eigenen Garten, den er gut kennt. Danach auf seinen gewohnten Spaziergang, und erst wenn der Hund da spielt und aufmerksam ist, suchen Sie die Ablenkung auf dem Hundeplatz.

Ich versuche meine jungen Hunde auch mit einer lauten Stimme an Druck zu gewöhnen. Zu Beginn lasse ich den Hund sitzen und rede ziemlich scharf (aber zu Beginn noch leise mit ihm), »Aufpassen!«, »Warten!«, was mir so alles in den Sinn kommt, darauf folgt ein motivierendes »Go« (Auslösewort) und der Hund kann ausgelassen herumrennen oder mit mir ausgelassen spielen. Wenn der Hund sich wohl fühlt, werde ich lauter und »böser«. Bei meiner jungen Sheltiehündin sieht das folgendermaßen aus: Ich setze oder lege sie hin, dann beuge ich mich über sie und »schreie« sie an »Aufpassen«! Voller Freude sitzt sie nun da, weil sie ja weiß, dass nun etwas Tolles folgt (wie die Schuhe anziehen, das ein Versprechen auf einen Spaziergang ist, etc.). Die Vorderläufe hüpfen vor Aufregung schon wie beim Stepptanzen und manchmal kläfft sie auch vor Aufregung. Mit einem »Go« lasse ich sie laufen und sie findet dieses Spiel toll. Beim Sheltie ist es oft so,

dass er dem Druck des Hundeführers oder des Wettkampfes nicht standhält und so versuche ich, den Hund mit solchen Spielen im Vorfeld schon etwas stärker zu machen.

Immer wieder beobachte ich, dass Hunde nach einem Fehler im Parcours in der Motivation sinken. Was kann dagegen getan werden? Jeder Mensch hat eine Art seiner Enttäuschung Ausdruck zu verleihen. Es macht auch nicht viel Sinn, dass Sie an einem Wettkampf Ihre Enttäuschung zu verbergen versuchen. Ihr Hund merkt es sowieso. Sie können sich besser kennen lernen, wenn Sie sich im Training oder an einem Wettkampf mal filmen. Es kann sein, dass zum Beispiel die Schultern leicht herunter hängen, die Körperanspannung zusammenfällt und einem zum Beispiel ein Wort rausrutscht. Es wäre doch schön, wenn der Hund darauf gar nicht eingeht oder nur positiv auf unser Verhalten eingeht. Sobald ich mich besser kenne und weiß, wie ich bei einem Fehler reagiere, kann ich doch genau dieses Verhalten dazu nützen, dass dieses ein Spiel auslöst. Ich nehmen also das Lieblingsspielzeug meines Hundes in die Hand, lasse zum Beispiel die Schultern hängen, die Körperspannung loslassen und zum Beispiel ein Wort sagen, welches mir auf dem Parcours auch rausrutscht, um dann plötzlich aus heiterem Himmel ein Spiel einzuleiten. So kann der Hund lernen, dass dieser Ausdruck nichts Schlimmes zu bedeuten hat. Meine Hunde fallen bei einem Fehler in der Motivation nicht zusammen, sondern im Gegenteil, sie drehen nochmals richtig auf.

Natürlich gibt es Hunde, denen Druck egal ist, weil sie richtige Arbeitsmaschinen sind, handelt es sich aber um etwas weniger motivierte Hunde, lohnt es sich, diese Spiele auszuführen.

Fuß-Piedi-Übungen

Das Allerwichtigste, was ein Agilityhund beherrschen soll ist, dass er nicht nur auf der Fuß-Seite (also auf der linken Seite des Hundeführers oder linksgeführt) gehen und rennen kann, sondern auch auf der rechten (rechtsgeführt). Ich nenne die rechte Seite »Piedi«.

Sie können diese Seite aber auch »Close«, »Hand« oder ähnlich benennen. So wie ich dem Hund die Fuß-Seite beigebracht habe (zum Beispiel mit Leckerli oder Spielzeug), genauso bringe ich ihm das Kommando für die rechte Seite bei.

Der Hund soll nun lernen, die Seite zu halten:
Sie setzen Ihren Hund hin, entfernen sich ein paar Schritte, haben Futter oder Spielzeug in der Hand bereit (auf der Seite, auf welcher Sie Ihren Hund abrufen), Sie stehen in der gleichen Laufrichtung wie der Hund, rufen Ihren Hund ab und bestätigen ihm, wenn er auf der Seite ankommt auf welcher Sie ihn wollten. Drehen Sie den Kopf zur Seite und schauen Sie den Hund dabei an, dadurch zeigen Sie dem Hund mit einer zusätzlichen Hilfestellung, auf welcher Seite Sie ihn erwarten. Als nächsten Schritt gehen Sie einige Schritte gerade vom Hund weg. Wenn der Hund fast bei Ihnen ist, drehen Sie sich um 180°. Drehen Sie sich bitte so langsam, dass der Hund folgen kann. Drehen Sie sich zu schnell, wird der Hund hinter Ihrem Rücken die Seite wechseln.

Der Hund soll nun auch lernen, sich neben uns zu bewegen:
Gehen Sie in einem nicht zu kleinen Kreis (sonst wird Ihnen schwindelig) und der Hund befindet sich auf Ihrer Außenseite. Dies üben Sie auf der Fuß-Seite und auf der Piedi-Seite. Der Hund soll dabei die Seite nicht wechseln. Wenn der Hund nun die Seite halten kann, lassen Sie den Hund auch die Seite wechseln. Schlagen Sie mit der Zeit Haken, dabei bewegen Sie sich immer im Innenkreis und lassen den Hund immer wieder die Seite wechseln auf den Außenkreis. Der Hund dreht sich bei einer Wendung in diesem Stadium in Ihre Richtung.

»Change«-Übung

Der Hund soll nun lernen hinter Ihrem Rücken von der Fuß- auf die Piediseite zu wechseln. Das Kommando dafür kann »Change« sein. Dieses Kommando ist auch wertvoll, wenn der Hund mit einem »Japaner« oder »Franzosen« (Bewegungsabläufe innerhalb eines Agilityparcours), also einem blinden Wechsel abge-

nommen wird, und wenn wir einen Change-Dreher machen möchten.

Dafür befindet sich der Hund auf unserer Fuß-Seite, das Leckerli oder der Ball ist in der rechten Hand. Gehen Sie etwa 20 cm nach vorne, das ist zu Beginn einfacher. Die rechte Hand wird nun hinter den Knien durch auf die andere Seite geführt, um dem Hund zu helfen. Nun wird der Hund per Spielzeug oder Leckerli motiviert zum anderen Bein zu gehen. Drehen Sie sich dabei etwas in die Richtung, in welche der Hund gehen soll um ihm zu helfen. So muss er nicht so weit zur anderen Seite gehen, sondern nur einen 90° Winkel laufen. Sobald der Hund die Übung begreift, setzen Sie auch das Handzeichen ein. Sitzt der Hund auf der linken Seite, schwingen Sie den linken Arm leicht nach hinten und die Hand deutet hinter dem Rücken durch auf die andere Seite. Hinter dem Rücken können Sie in die Hände klatschen. Dies erleichtert es Ihnen zu wissen, welche Hand Sie wann brauchen. Wechseln Sie das Leckerli oder den Ball von der linken in die rechte Hand. Wenn der Hund beim rechten Bein angekommen ist, bekommt er das Leckerli oder den Ball.

Erschweren Sie die Übung, indem Sie den Hund vor sich sitzen lassen (dabei schauen Sie sich gegenseitig an) und schwingen den linken Arm nach hinten und sagen »Change«. Darauf hin wird der Hund von Ihrem linken Bein um Ihre Beine herum auf die Piedi-Seite gehen Diese Übung eignet sich, um das »Change« im Agility aufzubauen.

»Mitte«

Der Hund lernt, sich zwischen die gegrätschten Beine hinzusetzen. Diese Übung ist für Agility bestimmt nicht lebenswichtig, kann aber auch hilfreich sein. Sehr oft hat ein Agilityteam ein Startritual und dieses »zwischen die gegrätschten Beine sitzen« kann eines sein. Bei mir heißt es »Mitte«. Der Hund weiß nun, dass es losgeht, sobald er »Mitte« sitzt. Als Hundführer kann ich mich nun am Start im perfekten Winkel hinstellen und den Hund in die Mitte rufen, und dieser wird dann auch

Mitte

halbe Drehung geführt und dann rückwärts in die Beine reingeparkt. Nun gehe ich einen Schritt vorwärts, um dem Hund die Übung zu Beginn etwas zu erleichtern. Als nächster Schritt sollte der Hund selbständig rückwärts gehen, um so zwischen die Beine zu laufen.

Mit dem Befehl »Mitte« können Sie auch Rechts- und Linksübungen einbauen. Der Hund sitzt zwischen Ihren Beinen, führen Sie ihm mit der linken Hand (Sie haben ein Leckerli in beiden Händen) um ihr linkes Bein. Der Hund wird dem Leckerli nachlaufen, wenn die Reichweite dieser Hand zu Ende ist, geben Sie dem Hund das Leckerli, gehen in dieser Zeit mit der rechten Hand (immer noch mit Leckerli bestückt) durch die Beine und holen den Hund wieder ab, damit dieser wieder zwischen Ihren Beinen in der Mitte sitzt. Diese Übung wiederholen Sie mit dem Links- und Rechts-Kommando, solange, bis Sie nur noch ganz feine Hilfestellungen mit der Hand geben müssen und bis zum Schluss kein Handzeichen mehr brauchen. Natürlich gehen Sie dabei keiner bestimmten Reihenfolge nach, sondern benützen links und rechts eher im Zufallsprinzip. Je besser der Hund die Richtungssignale in jeglichen Situationen zu verstehen lernt, desto besser können Sie diese nachher auch anwenden. Lassen Sie den Hund nicht immer eine Acht laufen, sondern vielleicht zwei- bis dreimal um das linke Bein, etc.

»Through«
Der Hund läuft von vorne durch die gegrätschten Beine durch und biegt entweder zur Fuß- oder zur Piedi-Seite ab. Eine tolle Übung, um auch das Richtungskommando Links und Rechts zu üben.

Setzen Sie sich zu Beginn zum Welpen hin. Ihre Beine sind gegrätscht und leicht aufgestellt, damit bei den Knien ein kleiner Durchgang entsteht. Nun wird der Welpe mit einem Leckerli von der Mitte unter den Beinen durchgeführt. Langsam können Sie sich aufrichten, bis dass der Hund aus dem Laufen und Spielen mit einem »Through« abgerufen werden kann, durch die Beine durchläuft und je nach Kommando

im perfekten Winkel zu den ersten Geräten dastehen. Wenn ich hingegen den Hund Fuß nehme oder Front sitzen lasse, muss ich ihn vielleicht ein oder zweimal ausrichten, bis er richtig steht. Setzen Sie Ihren Hund hin und lassen Sie ihn warten. Sie positionieren sich einen Schritt weiter vorne (in die gleiche Richtung stehend wie der Hund), grätschen die Beine und motivieren den Hund mit dem Leckerli in der Hand dazwischen zu laufen. Sobald der Hund zwischen Ihren Beinen ist, bekommt er das Leckerli. Gehen Sie nun zwei Schritte vor den Hund und variieren Sie die Distanz und den Winkel, bis dass der Hund mit dem Kommando »Mitte« zwischen ihre Beine kommt. Wie gesagt, eine nette Übung.

Mein Hund kann auch »rückwärts einparken«, der Befehl dafür ist »Garage«. Der Hund geht auf mich zu, das Leckerli ist in der rechten Hand und mit diesem wird der Kopf des Hundes in einem Halbkreis von mir weggedreht. Mit dem Leckerli wird der Hund in eine links oder rechts an das linke oder an das rechte Bein läuft. Sobald der Hund bei Ihnen angekommen ist, geben Sie ihm ein »Links« oder »Rechts« Kommando. Beachten Sie bitte, dass das Links und Rechts hier seitenverkehrt ist, da der Hund auf Sie zugeht, das heißt, der Hund geht mit dem Kommando rechts zur Fuß-Seite und umgekehrt. Helfen Sie zu Beginn, indem Sie schon anzeigen, in welcher Hand Sie das Leckerli haben, um dem Hund die Entscheidung von Links und Rechts einfacher zu machen.

Slalom

Der Hund läuft (wie beim Agility-Slalom) durch die Beine durch. Hier lernt der junge Hund bereits den Bewegungsablauf, den er im Slalom absolviert, zusätzlich kann der Hundeführer das Tempo regulieren und somit die Gelenke schonen. Ob der Hund danach den Slalom schneller lernt, ist bestimmt nicht erwiesen, jedoch ist dies eine schöne Dehnübung, mit der der Hund aufgewärmt werden kann. Ich habe immer am rechten Bein begonnen, damit der Hund dieselbe Situation vorfindet, die er danach beim Slalom auch vorfindet (das heißt, beim Agility-Slalom befindet sich die erste Stange auf der linken Seite des Hundes, und so symbolisiere ich dies auch mit meinem Bein). Auf diese Weise lernt der Hund bestimmt nichts Falsches, denn vor einer Fehlverknüpfung ist man nie gefeit.

Der Hund steht am rechten Bein; ich mache einen Schritt mit dem linken Bein nach vorne, in der linken Hand ein Leckerli, welches von außen zwischen den Beinen durchgehalten wird und den Hund animiert, quer durch die Beine durchzulaufen. Diesen Schritt wiederholen, bis der Hund diesen Schritt schon alleine kann. Sobald der Hund motiviert den ersten Schritt ausübt, halte ich das Leckerli in der rechten Hand. Der Hund läuft schon selbständig von rechts nach links durch die Beine durch, jetzt mache ich einen erneuten Schritt mit dem rechten Bein und ziehe ihn mit einem Leckerli erneut zwischen den Beinen durch. Sobald der

Hund die Übung begriffen hat, kann man dieser Übung einen Namen geben, zum Beispiel »Slalom«.

Anmerkung: Ich habe bei meinem Border Collie den Befehl »Slalom« für den Agility-Slalom, als auch für die oben stehende Übung benutzt. In einer unsicheren Situation sprang mir nun der Hund statt in den Agility-Slalom zwischen die Beine und ich fiel der Länge nach hin! Seither heißt die oben erwähnte Übung bei uns »Weave«.

Handtarget (»Tschig-Tschig-Tschig«, »Qui-Qui-Qui«)

Der Hund lernt beim Befehl »Tschig-Tschig-Tschig (Regula sagt dazu »Qui-Qui-Qui«) nur den Finger oder die ganze Hand anzuschauen und diese mit der Nase zu berühren. Keine Sorge, der Hund wird später im Parcours den Finger nicht berühren, da Sie den Hund ja sogleich wieder auf ein Gerät schicken.

Der Hundeführer hält das Leckerli in der Hand eingeklemmt, der Zeigefinger ist ausgestreckt. Nun hält er die Hand dem Hund vor den Fang, dieser wird nun angeregt durch den Geruch des Leckerlis mit der Schnauze den Finger berühren. Die Hand geht auf, und der Hund erhält das Leckerli. Sobald der Hund die Übung kennt, kann das Kommando »Tschig« eingeführt werden. Als nächsten Schritt halten Sie das Leckerli in der anderen Hand. Jetzt muss der Hund vom Leckerli weg erst den Finger berühren und erhält dann das Leckerli aus der anderen Hand.

Solange der Hund das Kommando »Tschig-Tschig-Tschig« hört, soll er nur den Finger anschauen. Jetzt kann bei einem fortgeschrittenen Agilityhund ein Gerät mit eingebaut werden, zum Beispiel ein Sprung. Solange der Hund den Befehl »Tschig-Tschig-Tschig« hört, soll er die Hand oder den Finger des Hundeführers anschauen. Um es dem Hund etwas einfacher zu machen, bewegen Sie den Finger auf und ab, der Arm bleibt dabei nahe am Körper. Der Hundeführer läuft nun um den Sprung her-

Der Hund berührt erst den Finger oder die Hand ...

... dann erhält er den versteckten Keks in der Handinnenseite.

um und der Hund wird fürs Finger anschauen bestätigt. Wechseln Sie bitte ab, zwischen dem »Über den Sprung gehen« und dem Kommando »Tschig-Tschig«. So weiß der Hund nie zum Vornherein, was von ihm verlangt wird und das Kommando kann so geübt werden.

SM-Quali-Small 2005 (Richter Antonin Grygar)
Beim Parcoursausschnitt (siehe rechts) ist es unerlässlich, dass der Hund nur den Hundeführer anschaut, sich auf den Finger oder die Hand konzentriert und erst danach in den Slalom freigegeben wird.

Um später immer wieder konsequent zu sein, muss der Hund im Training immer wieder den Finger berühren und kann erst dann wieder auf ein Gerät zusteuern, ansonsten flacht das Kommando ab und der Hund kommt nicht mehr zum Hundeführer hin, sondern läuft direkt zum nächsten Gerät.

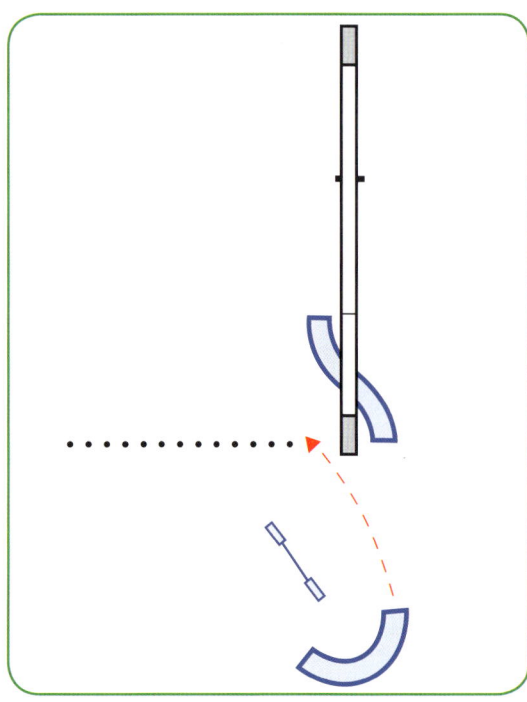

Parcoursausschnitt von A. Grygar

Diese Übung eignet sich vor allem für Hunde, die eher auf Geräte fixiert sind. Diese Hunde steuern lieber die Geräte an, als dass sie den Hundeführer beachten oder gar zu ihm hinlaufen. Das heißt nicht, dass die Beziehung Hund – Hundeführer schlecht ist, sondern Hunde haben ihre eigene Persönlichkeit, auch wenn sie genau denselben Aufbau genossen haben. So ist beispielsweise mein Small-Hund Geräte fixiert und der Medium-Hund eher der, der mich anschaut. Bei meinen Border Collies ist der eine eher ein »Mammihöck« und der andere geht schon mal schauen, ob er den Parcours selber zusammenstellen kann.

Versuchen Sie den Hund so hoch in den Trieb zu bringen wie möglich.

Warten

Immer wieder höre ich, dass der Hund natürlich zu Hause warten kann, aber sobald er diese Agility-Geräte vor der Nase hat, sind alle guten Vorsätze vergessen und der Hund prescht unerwartet los. Natürlich kann der Hund zu Hause in einer normalen Trieblage warten, nur wird mit Agility eine Triebsteigerung ausgelöst, das heißt, der Hund ist viel höher im Trieb als zu Hause im Garten, wenn es um nichts geht. Diese Triebsteigerung kann aber sehr wohl auch zu Hause etwas simuliert werden. Mit einem verfressenen Hund mit Futter, und mit einem spielfreudigen Hund mit Spielzeug. Das »Ready-Steady-Go-Spiel« haben wir ja bereits geübt. Jetzt machen wir es für den Hund noch etwas schwieriger: Wir halten den Hund fest und werfen den Ball. Der Hundeführer geht ein paar Schritte weiter nach vorne und dehnt das »Reeeeaaady-Steeeaaady« richtig aus. Dazu kann man auch noch wippende Bewegungen machen. Wichtig ist bei dieser Übung, dass eine Hilfsperson sich bei dem Spielzeug/Futternapf positioniert, damit der Hund für einen Fehlstart nicht selber bestätigen kann.

Was bei den meisten Hunden ein Problem (wie bei anderen Hunde-Sportarten) darstellt ist, dass der Hund immer nur nach vorne bestätigt wird. Damit nun genau diese Erwartungshaltung nicht so einseitig verlagert wird, wird dem Hund fürs Warten das Leckerli ins Maul gegeben oder das Spielzeug hinter den Hund geworfen.

Diese Übung eignet sich auch für fortgeschrittene Hunde, welche das Warten nicht bedingungslos ausüben. Ich war mit einem meiner Border Collies so weit, dass ich den ganzen Parcours abgerannt bin, während er seine Startposition halten musste, auch gab ich alle für den Parcours relevanten Kommandos außer dem Auslösekommando am Start. Mit etwas Phantasie kann diese Übung beliebig ausgebaut werden.

Abrufübungen

Mit dieser Übung soll der Hund lernen, die Seite zu halten. Der Hund sitzt auf der linken Seite und der Hundeführer entfernt sich einen oder zwei Schritte. Er hält das Spielzeug/Leckerli in der linken Hand und ruft den Hund zu sich. Sobald der Hund sich auf der linken Seite des Hundeführers befindet und den Kontakt sucht, wird er bestätigt. Diese Übung wird auf der Fuß- wie auch auf der Piediseite ausgeführt. Wenn der Hund diese Übung beherrscht, dreht sich der Hundeführer, sobald der Hund zu ihm aufgeschlossen hat, im 90° Winkel vom Hund weg. Beachten Sie, dass Sie sich so langsam drehen, dass Sie den Hund immer sehen und sich nicht zu schnell drehen, sonst wird der Hund hinter Ihrem Rücken kreuzen. Diese Übung machen Sie links und rechts. Sobald diese Übung klappt, wird der Hund abgerufen und der Hundeführer macht eine Kehrtwendung vom Hund weg und der Hund folgt auf der Seite, auf welcher er ursprünglich abgerufen wurde. Als Abwechslung können Sie den Hund »Through«, »Mitte« abrufen oder an Ihnen hochspringen lassen. So weiß der Hund nie, welches Verhalten nach dem Abrufen von ihm erwartet wird.

Beinseite halten

Das wohl Wichtigste im Agility ist, dass der Hund auf der Seite läuft, auf welcher ihn der Hundeführer auch will. Das heißt, dass der Hund lernen muss, nur die Seite zu wechseln, wenn wir ihm dies auch anzeigen (zum Beispiel mit Change). Der Hund befindet sich zum Beispiel auf der Fuß-Seite (er muss dabei nicht die Grundstellung Fuß einnehmen), der Hundeführer läuft los – erst langsam, dann steigert er das Tempo (rennen) – und der Hund bleibt immer auf der linken Seite. Dabei ist es sehr wichtig, dass der Hundeführer den Hund anschaut und auch ganz klar ein Handzeichen gibt (zu Beginn noch Leckerli oder Spielzeug in der Hand), damit der Hund auf dieser Seite bleibt. Die meisten Hunde mögen es, wenn man die Führhand nimmt, das heißt die Hand, welche sich näher beim Hund befindet. Bei einigen Border Collies – die vor allem im Aufbau – zu große Kurven machen und zum Beispiel außen an den Hürden vorbeirennen, empfehle ich, die Gegenhand zu nehmen und sie dabei vor dem Bauch zu halten, wie wenn darauf ein Serviertablett liegen würde, deshalb nennt man diese Art auch »Servieren«.

Der Hundeführer baut nach und nach auch Wendungen und Kehrtwendungen ein. Bei den Kehrtwendungen wird sich der Hund natürlicherweise immer in meine Richtung drehen, weil er ja das Spielzeug oder Leckerli will. Der Hund wird zwischendurch immer wieder belohnt, damit er motiviert weiterarbeiten möchte. Auch bei dieser Übung kann ich immer wieder die Richtungskommandos einbauen, damit der Hund sie verstehen lernt. Wenn der Hundeführer die Hände nach unten hält, soll der Hund zu ihm drehen.

Wenn der Hundeführer den Gegenarm benützt, soll der Hund von ihm wegdrehen (dies wird immer noch unterstützt mit den Richtungskommandos). Der Hundeführer geht dabei beliebig über das Gelände und dreht beliebig zum oder gegen den Hund und schlägt Haken. Führen Sie zu Beginn die Übung langsamer aus und werden dann immer schneller. Achten Sie wie immer darauf, dass Sie den Hund dabei motivieren und oft mit dem Ball oder Leckerli bestätigen.

Zonentarget

Mit dieser Übung soll der Hund lernen, zu einem Target hinzugehen. Ein Target ist nichts anderes als ein Plättchen, Plastikdeckelchen oder ein Stück Teppich (ich bevorzuge eine Mausmatte, diese kann ich nach und nach verschwinden lassen, indem ich sie immer wieder halbiere). Der Hund lernt nun mit der Nase das Target zu berühren.

Mit verfressenen Hunden arbeite ich gerne ohne Futter und benütze dazu den Clicker.

Mit Futter: Futterstück dem Hund zeigen, auf das Target legen und danach mit einigem Abstand – beispielsweise mit dem »Ready-Steady-Go« – den Hund auf das Target schicken. Sollte der Hund sich beim Target verweilen und ständig daran rumschnuppern (und vor allem mehr Futter wollen) kann man Abhilfe schaffen, indem man dem Hund (nachdem er das Futter auf dem Target gegessen hat) ein Futterstück vor die Nase hält und ein Auslösewort – beispielsweise – »Go« gibt. Der Hund soll lernen, nicht nur auf das Target fixiert zu sein, sondern sich auf das Kommando »Go« wieder dem Hundführer zuzuwenden.

Nach und nach vergrößern Sie den Abstand zum Target und werfen auf das »Go« auch mal ein Spielzeug von Ihnen weg oder lassen den Hund zu Ihnen hinlaufen und geben ihm das Spielzeug/Futter bei Ihnen.

Der Hund geht vom Hundeführer weg zum Zonentarget.

Nase das Target berührt und den Kopf dann hebt, aber wie erstarrt stehen bleibt. Auch wenn der Hund den Kopf dreht und beispielsweise zum Hundeführer zurückschaut, lasse ich dies gelten. Es geht hier ja darum, dem Hund mitzuteilen, wo er sich bei der Zone positionieren soll, ohne dass der Hundeführer daneben stehen muss.

Zonentraining auf der Treppe

Sobald der Junghund das Alter erreicht hat, ohne dass er gesundheitliche Schäden davon trägt, übe ich die Zonen auf der Treppe. Dies hat den Vorteil, dass ich dies fast überall üben kann und die meisten Hundeführer täglich bei mindestens einer Treppe vorbei kommen, und sei dies auch nur auf drei Stufen. Am Idealsten ist die Treppe breit, so dass Hund und Hundeführer sich nicht in die Quere kommen müssen. Das Ziel dieser Übung ist es nun, dass die Vorderläufe auf dem Boden am unteren Teil der Treppe stehen und die Hinterläufe auf der letzten Stufe. So lernt der Hund schon den absteigenden Winkel, sowie dass die Hinterläufe auf dem Objekt stehen und die Vorderläufe dies verlassen. Die Treppe bietet auch den Vorteil, dass ich den Hund korrigieren kann (zum Beispiel den Hund hochheben und erneut richtig hinstellen, wenn beispielsweise der Hund seitlich wegkippt), ohne dass der Hund dies mit dem Gerät verknüpft. Im Idealfall brauche ich dann das Target nur noch wenige Male auf der Zone, weil der Hund den Rest schon auf der Treppe gelernt hat.

Der Hund geht nun voraus die Treppe runter zum Target und verharrt dort, bis entweder der Hundeführer zum Hund aufgeschlossen und das »Go« gibt, oder der Hundeführer bleibt hinten und lässt den Hund mit einem »Go« zu sich zurückkehren.

Der Hund soll auch lernen, bei diesem Target stehen zu bleiben, auch wenn der Hundeführer sich bewegt. Am Besten ist es Hampelmann- oder ähnliche »komische« Bewegungen zu machen, um den Hund zu provozieren. Es versteht sich von selbst, dass der Hundeführer die Situationen mit provozierenden Bewegungen langsam erschwert und nur, wenn man sich wirklich sicher ist, dass der Hund an diesem Ort

Ohne Futter: Ein Blick des Hundes geht in Richtung Target: Click! Das Bestätigungshäppchen wird in Richtung des Targets geworfen, damit der Hund das Interesse an diesem nicht verliert. Das Verhalten des Hundes wird nun soweit geformt bis der Hund das Target mit der Schnauze berührt: Click! Nun soll der Hund auch lernen, die Position zu halten. Sie zögern dazu das Clicken zeitlich einfach hinaus. Er soll lernen, solange zu verharren, bis er das Kommando »Go« hört. Für mich reicht es, wenn der Hund mit der verharrt, führt man diese auch ein. Mit dieser Übung soll der Hund lernen, dass er die Position nur auf ein verbales Auflösekommando wie »Go« verlassen darf. Der Hundeführer versucht nun, jegliche Position einzunehmen, also voraus rennen, rumhüpfen oder auch seitlich weggehen.

Hat der Hund diese Übung einmal begriffen, ist es ein Einfaches, den Hund auf der Kontaktzone selbständig arbeiten zu lassen. Weiß dieser danach, wo er auf der Zone stehen soll, kann man die gleichen Übungen auf den Zonen machen.

Bewegt sich der Hund zu früh, wird er mit einem »Äh-Äh« an die Position zurückgetragen. Hat der Hund sich bewegt, heißt das, dass der Hundeführer den Lernschritt zu groß gewählt, und entweder die Zeitspanne zu lange oder die Bewegungen zu hektisch ausgeführt hat. Lassen Sie den Hund nicht seine Fehler aufzeigen, sondern seine Begabung. Gehen Sie ruhig wieder einen Schritt zurück und vereinfachen Sie die Übung. Manchmal sind es Zentimeter oder Sekunden, die über den Erfolg einer Übung entscheiden. Lassen Sie dem Hund Zeit, die Übung zu begreifen. Sie werden es ihm danach auf der Kontaktzone danken. Nichts Schöneres, als ein Hund, der unabhängig von Ihrer Position die Zone selbständig arbeitet. Lassen Sie sich mit dieser Übung also Zeit und seien Sie kreativ. Stolpern Sie auch einmal, um den Hund zu provozieren, man soll ja für alles gewappnet sein.

Auf die Zonen stellen

Stellen Sie den Hund so auf die Abgangszone, dass die Vorderpfoten auf dem Gras stehen und die Hinterpfoten auf dem Laufsteg. Füttern Sie nun den Hund und machen ihm diese Position so angenehm wie möglich. Zuerst können Sie sich neben den Hund setzen, versuchen Sie später zu stehen und sogar einige Schritte wegzugehen. Der Hund soll in dieser Position verharren, bis Sie ihm das Auflösekommando zum Beispiel »O.K.«, »Go« oder »gut« geben.

Sie können diese Übung nun noch erschweren, indem Sie auch hektische Bewegungen machen oder andere

Der Hund wird auf die Abgangszone gestellt.

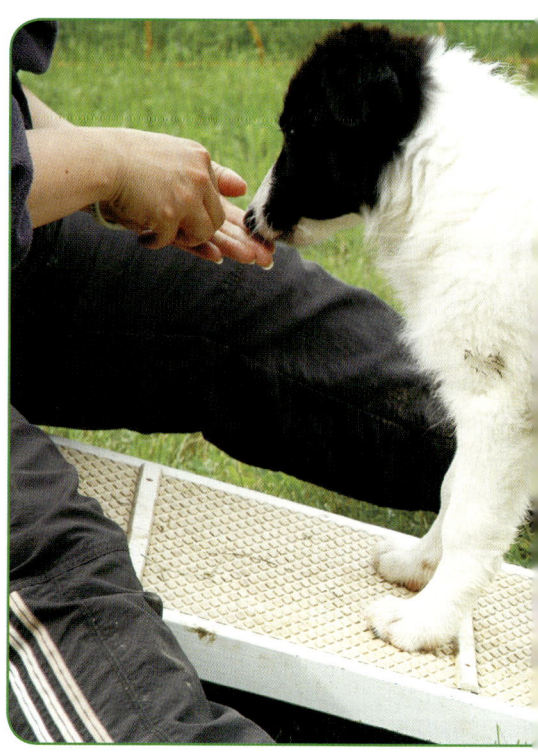

Der Hund wird auf der Aufgangszone gefüttert.

Wörter außer dem Auflösekommando benützen. Der Hund soll lernen bedingungslos stehen zu bleiben. Diese Übungen können Sie beliebig variieren, der Phantasie sind keine Grenzen gesetzt. Gehen Sie aber nicht in zu großen Lernschritten voran. Wenn der Hund die Zone verlässt, stellen Sie ihn einfach mit einem »Äh-Äh« wieder auf die Zone und gehen einen Schritt zurück.

Stellen Sie den Hund beispielsweise auf die Zone und gehen bis ca. auf die Höhe der mittleren Planke. Nun rennen Sie nach vorne. Wenn der Hund in diesen Übungen bereits routiniert ist, rennen Sie an ihm vorbei. Sie können auch kleine Schritte machen und zucken. Somit wirken Sie für den Hund noch interessanter und machen es ihm nicht einfach, die Position zu halten.

Sie können den Hund auch schon auf den Aufgang stellen, indem Sie sich auf die Planke setzen und den Hund zu sich rufen. Sobald der Hund mit den Vorderbeinen die Zone berührt, spielen Sie mit ihm oder füttern Sie ihn. Der Hund soll lernen, dass Auf- und Abgangszonen toll sind.

»Out« (Arbeitsdistanz vergrößern)

Der Hund arbeitet in einer bestimmten Arbeitsdistanz kreisförmig zum Hundeführer. Diese Distanz ist je nach Trieblage und Art des Hundes größer oder kleiner. Hunde mit sehr großer Arbeitsdistanz müssen lernen, auch in der Nähe des Hundeführers zu arbeiten und Hunde mit kleiner Arbeitsdistanz lernen, diese zu vergrößern.

Mit dem »Voran« beispielsweise lernt der Hund diese Distanz nach vorne zu vergrößern. Beim »Out« wird diese Distanz auch seitlich vergrößert. Ich sage meinem Hund also mit dem Befehl: »Geh raus und mach das alleine.« Vor allem nicht sehr motivierte Hunde fühlen sich zu Beginn auf der größeren Arbeitsdistanz nicht wohl. Mit der nötigen Routine kann dem aber gut Abhilfe verschafft werden. Es gibt viele Dinge, um die Sie Ihren Hund rausschicken können – beispielsweise eine Hecke,

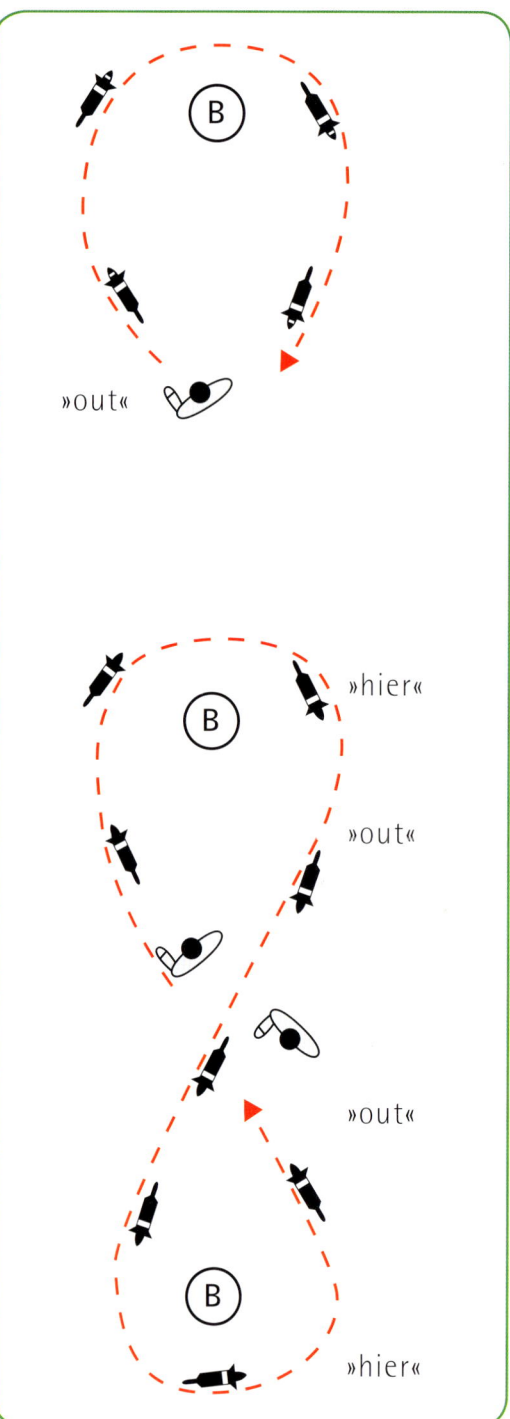

»out«

»hier«

»out«

»out«

»hier«

Out«

eine Parkbank, ein Fußballtor, ein Zaun, eine Baum- oder Buschgruppe oder das Clubhaus.

Fangen Sie aber bitte klein an, zum Beispiel mit einem dünnen Baum. Der Hund steht auf der linken Seite, strecken Sie ihm mit dem rechten Arm auf der anderen Seite des Baumes ein Leckerchen entgegen. So lernt dieser bald, was die Übung soll. Sie können nun den Hund nach und nach von immer größerer Distanz um diesen Baum rumschicken. Zum Beispiel können Sie nun eine Mülltonne oder Ähnliches nehmen (oder zwei Bäume) und die verschiedensten Übungen mit dem Hund machen.

Dabei lernt der Hund bereits, dass während er ein Gerät absolviert (in diesem Falle läuft er um einen Baum), Sie sich auch bewegen können und bereits einen »Belgier« einleiten. Der »Belgier« ist ein Frontwechsel, mit dem der Hund vom beispielsweise rechten Bein ans linke Bein geführt wird. Das heißt, wir drehen uns vor dem Hund so, dass er einen Seitenwechsel machen kann. Während der Hund nun um den Baum rennt, dreht der Hundeführer sich um 180 Grad und empfängt den Hund auf der anderen Seite. Wichtig ist dabei, dass der Hundeführer den Hund immer sieht und sich nur so schnell dreht, dass der Hund auch folgen kann.

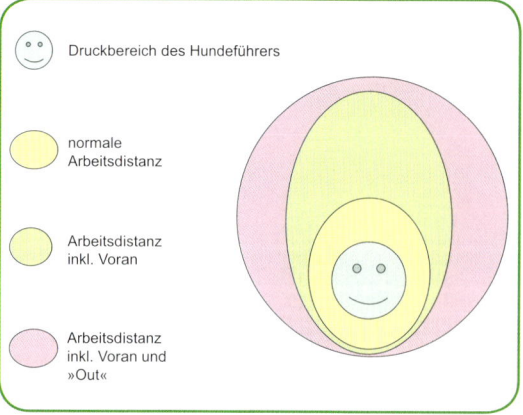

Druckbereich des Hundeführers

normale
Arbeitsdistanz

Arbeitsdistanz
inkl. Voran

Arbeitsdistanz
inkl. Voran und
»Out«

Arbeitsradius

Lustigerweise muss man diese »Out«-Übung nur einem Hund im Rudel beibringen und die anderen lernen es vom Hinterherrennen automatisch.

Vom Hundeführer wegdrehen (Links/Rechts)

Mit diesen Übungen lässt sich sehr gut das Links- und Rechtskommando erlernen. Vor allem lernt der Hund, sich vom Hundeführer wegzudrehen.

Über die Hand wegschicken: Wenn wir uns mit dem Hund hin und her bewegen, und der Hund die eine Strecke am linken Bein geht, und wir eine 180°-Drehung machen und den Hund an das rechte Bein nehmen, wird sich der Hund immer mit dem Kopf zu uns drehen. Der Hund ist es ja gewohnt, uns immer anzusehen (er könnte ja ein »Gutzi« oder den Ball verpassen ...). Jetzt möchten wir aber, dass sich der Hund von uns wegdreht.

Der Hund sitzt am linken Bein des Hundeführers (also in der Grundstellung), der Hundeführer hält ein »Gutzi« oder den Ball in der rechten Hand. Halten Sie es dem Hund vor die Nase und führen Sie seinen Kopf von Ihnen weg. Wenn der Hund sich ganz gedreht hat, haben auch Sie sich um 180° gedreht und zwar in

Mit Hilfe eines Spielzeuges oder Futter wird der Hund vom Hundeführer weggedreht.

Richtung des Hundes. Der Hund erhält nun das »Gutzi«. Jetzt sollte der Hund an Ihrem rechten Bein stehen. Wenn der Hund Mühe hat, sich zu drehen, sind Sie entweder mit dem »Gutzi« zu schnell oder zu hoch. Es kann aber auch sein, dass der Hund sich auf einer Seite schlecht biegen lässt. Dies ist meistens eine Muskel-

Manche Hunde brauchen eine Hilfestellung, damit sie die Hinterhand richtig drehen.

und Dehnfrage, denn auch bei den Hunden gibt es Links- und Rechtshänder. Um dem Hund zu helfen, halten Sie ihm (wenn der Hund am linken Bein steht) mit der rechten Hand das »Gutzi« vor die Schnauze und die linke Hand an die linke Flanke des Hundes. Wenn der Hund sich in der Drehung nun sperrt, helfen Sie ihm und unterstützen Sie die Bewegung mit der linken Hand, indem Sie das Hinterteil des Hundes in die richtige Richtung bewegen.

Mit der Zeit müssen Sie ihm natürlich nicht mehr das »Gutzi« vor die Nase halten, sondern der Hund sollte schon auf die Körper- und Armbewegung in die richtige Richtung drehen. Sie können nun das Links- und Rechtskommando einführen. Sollten Sie nicht mit diesen Kommandos arbeiten wollen, beschränken Sie sich

darauf, dass die Bewegung des Hundes auf Sie zu mit dem Kommando »Komm« oder dem Namen des Hundes erfolgt. Die Bewegung von Ihnen weg, können Sie nun mit dem Kommando »Weg« oder »Back« unterstützen.

Links/Rechts: Eine andere Übung, um das Links- und Rechtskommando zu erlernen ist Folgende: Der Hund steht Ihnen gegenüber und Sie spielen mit dem Hund; wenn der Hund sehr gerne mit Ihnen Tauziehen macht, halten Sie nun das Spielzeug in der rechten Hand und mit der linken Hand unterstützen Sie die Drehung in die richtige Richtung damit, indem Sie den Hund an der Flanke führen. Jetzt führen Sie den Hund (er hat ja das Spielzeug im Fang) in eine Links-Drehung und spielen mit ihm ausgiebig, sobald die Drehung vollendet ist. Machen Sie die Übung sanft, vor allem mit jungen Hunden, damit im Genickbereich keine Schäden entstehen. Wenn der Hund diese Übung gut kann, halten Sie das Spielzeug über dem Kopf des Hundes, machen mit dem Spielzeug genau die gleiche Bewegung, die auch der Hund machen soll, und lassen ihn folgen. Wenn der Hund den Kreis beendet hat, spielen Sie wiederum ausgiebig mit ihm. Jetzt bauen Sie die Hilfestellung des Spielzeuges immer mehr ab, bis der Hund vor Ihnen steht und sich selbständig in die richtige Richtung dreht. Machen Sie diese Übung erst mit dem »Links«, bis der Hund dieses Kommando kennt. Nehmen Sie dann erst die andere Seite in Angriff. Bei dieser Methode braucht der Hund zum Schluss keinerlei Hilfestellung und wird lernen auf das Kommando die Drehung auszuführen.

»Gschsch«

Dieses Kommando wende ich an, wenn ich möchte, dass mein Hund »rast und alles gibt«. Ich gebrauche es im Agility vor allem auf dem Laufsteg. Dazu benütze ich auch hier das »Ready-Steady-Go«-Spiel. Nach dem »Go« renne ich dem Hund hinterher und rufe »Gschsch«. Auch wenn mehrere Hunde zusammen losgeschickt werden, ist das »Gschsch« zu Beginn Bestandteil der Übung. Dies bedeutet nun für den Hund immer, dass er sich auf »Gschsch« verausgaben darf. Deshalb auch das Geräusch auf dem Laufsteg. Viele Hunde sehen den Unterschied zwischen Wippe und Steg lange nicht. Wenn Sie sich mal auf die Höhe des Hundes begeben, werden Sie sehen, dass außer den Klimmlatten und den Zonenfarben kein Unterschied ersichtlich ist. Wenn der Hund sich jetzt auf dem Laufsteg sicher fühlt, mache ich das Geräusch über den ganzen Laufsteg. Jetzt hat der Hund die Möglichkeit, sich einzuprägen, dass »Auf – Gschsch« Laufsteg bedeutet. Weil ich dieses Geräusch bis zum Schluss ertönen lasse, hat der Hund länger Zeit, sich das Kommando einzuprägen als nur mit einem Wort. Mit einem routinierten Hund gebe ich ein kurzes Kommando »Gschsch« knapp bevor er den Laufsteg betritt und nicht mehr über das gesamte Gerät. Nun kann sich der Hund auf uns verlassen und voll angreifen, weil er weiß, dass er sich auf dem richtigen Hindernis

Die Hilfestellung mit dem Ball/Futter wird abgebaut, damit der Hund sich ausschließlich auf die Körpersprache konzentrieren kann.

befindet, und nicht plötzlich erschrickt, weil der die Wippe und den Laufsteg verwechselt hat. Bei einigen Hunden spielt das gar keine Rolle – auch wenn schon einige »Flieger« auf der Wippe gemacht wurden, werden sie nie Angst vor der Wippe haben – bei unsicheren Hunden ist dies aber fatal und kann riesigen Stress auslösen.

»Voran«

Das »Voran« übe ich mit dem Target oder Spielzeug und dem »Ready-Steady-Go Spiel«. Dazu verschiebe ich das Target oder das Spielzeug immer weiter nach vorne. Zieht der Hund nach vorne, gebe ich ihm das Kommando »Vor« oder »Go«. Ist der junge Hund mit dieser Übung sicher, bringen Sie nach und nach die Sprungflügel ins Bild rein. Erst so breit, dass Sie und Ihr Hund dazwischen durchgehen können. Danach werden die Sprungflügel enger und die Distanz zwischen Hund und Hundeführer wird vergrößert. So kennt der Hund das Kommando »Vor« schon bevor er auf Sprünge geschickt wird. »Voran« bedeutet nicht, dass der Hund vor dem Hundeführer arbeitet, sondern ist nichts anderes als ein Richtungskommando, welches »Autobahn« oder »Hochgeschwindigkeitsstraße« bedeutet.

Auf die Arme springen

Es gibt Hunde, die ungern zum Hundeführer hin gehen. Dies hat absolut nichts mit der Beziehung zu tun, sondern einige Hund ertragen den Druck nicht, wenn der Hundeführer vor dem Hund steht und dieser frontal auf ihn zukommen soll. In der Natur würden schwächere Hunde nie gerade auf ein ranghöheres Tier zugehen, dies würde Konflikte auslösen.

Um dem Abhilfe zu verschaffen, kann man schon im Voraus üben, dass der Hund einem auf die Arme springt.
Dazu knie ich mich hin und locke mit einem Leckerchen den Hund so zu mir, dass die Vorderbeine auf den Oberschenkeln sind (eine Übung, die definitiv mit einem kleinen Hund einfacher zu handhaben ist). Jetzt kommt der Hund zum immer noch knienden Hundeführer auch mit den Hinterläufen auf die Oberschenkel. Wenn der Hund dies freudig macht, gehe ich in die Hocke und mache genau dasselbe. Ich gehe von der Hocke immer weiter hoch, bis ich stehen kann und der Hund mich beispielsweise mit dem Kommando »Hopp« freudig anspringt. Wenn der Hund dann irgendwann einmal Mühe mit einer Übung hat, weil er auf mich zugehen muss, dann werfe ich die Arme hoch und lasse den Hund in der gleichen Situation freudig auf meine Arme springen. So verliert der Hund nach und nach seine Unsicherheit, in gewissen Situationen direkt auf den Hundeführer zuzugehen.

Hundeführertraining

Viele Hunde sind sehr gut ausgebildet, aber dann hapert es bei den Hundeführern. Hier einige Tipps, wie sich der Hundeführer etwas schulen kann. Am besten läuft es sich, wenn man auf den Fußballen bleibt und nicht mit den Fersen absteht. Man ist erstens viel schneller und reaktionsfähiger, aber man kann auch das Gleichgewicht sehr viel besser halten (vor allem beim Rückwärtsgehen). Versuchen Sie auf den Spaziergängen zwei Schritte vorwärts zu rennen, dann drei Schritte rückwärts und dann wieder vorwärts! Dies schult Ihre Behändigkeit (und Agility bedeutet genau das, und heutzutage ist damit nicht nur der Hund gemeint).

Die meisten Übungen lassen sich am Besten mit einem Target ausführen. Dazu nehmen Sie einen Deckel oder ein Stück Teppich, etc. Werfen Sie nun das Target in eine Richtung. Schauen Sie, wo das Target liegt und versuchen Sie, sich diese Distanz zu merken. Nun laufen Sie vorwärts zu diesem Target, aber mit geschlossenen Augen. Somit können Sie üben, sich im Raum zurecht zu finden und Distanzen zu fühlen. Genau dasselbe machen Sie seitwärts und rückwärts. Immer mit geschlossenen

Augen. Jetzt variieren Sie diese drei und mischen sie. Sie sollen aber immer beim Target ankommen. Wenn Sie von vorwärts auf rückwärts wechseln, halten Sie die Richtung bei. Das heißt: Sie machen dabei eine 180° Drehung.

Nun eine weitere Schwierigkeit: Sie werfen das Target und schauen, wo dieses liegt. Schließen Sie nun die Augen und drehen sich beispielsweise mit einer halben Drehung nach links, dann eine ganze Drehung nach rechts und noch eine halbe Drehung wieder nach links. Bis Sie wieder in der Richtung stehen, in die Sie gehen müssen. Jetzt kontrollieren Sie, ob die Richtung stimmt. Wenn das gut klappt, fügen Sie dieser Übung eine weitere Schwierigkeit hinzu. Drehen Sie sich ohne zwischendurch die Augen zu öffnen, gehen Sie rückwärts oder vorwärts, je nachdem, in welche Richtung Sie das Target geworfen haben.

Üben Sie mit Weitsprungstangen. Damit kann man ganz lustige Spiele machen. Legen Sie die beiden Weitsprungstangen fünf bis sieben Meter voneinander weg sowie ein Teppichstück in einem beliebigen Winkel ebenfalls fünf bis sieben Meter.

Übung 1: Der Hundeführer läuft vorwärts von Stange eins zu Stange zwei, dort macht er einen »Belgier« und geht zum Teppich, dabei schaut er aber nur die Stange eins an. Der Hundeführer soll ein Gefühl für den Winkel bekommen, weil er ja auch im Parcours nur den Hund anschaut und keine Zeit hat sich umzuschauen, wo sich die Geräte befinden.

Übung 2: Der Hundeführer rennt so schnell er kann von Stange eins zu Stange zwei. An der Stange angelangt, dreht er sich so, dass er rückwärts zum Teppichstück laufen muss. Auch hier muss der Hundeführer wieder blind den Winkel und die Distanz einschätzen. Es gibt noch viele solcher Übungen, Kreativität ist hier gefragt.

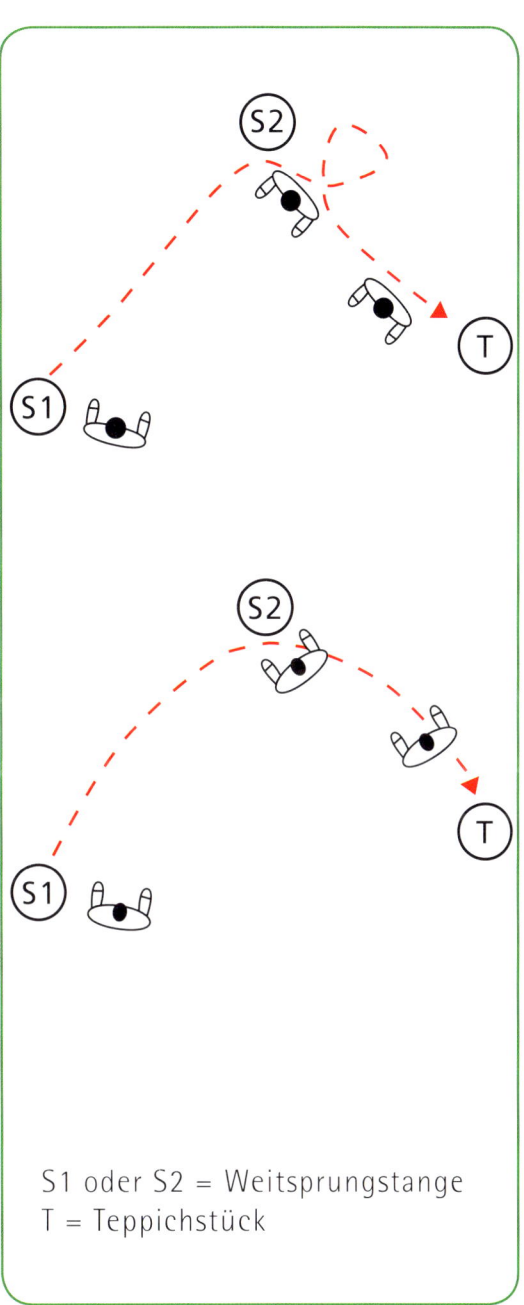

S1 oder S2 = Weitsprungstange
T = Teppichstück

Hundeführertraining

Aufbau-Übungen
mit Sprungauslegern (-flügel)

Wozu »Belgier« benötigt werden und wie diese dann auf den Sprüngen umgesetzt werden, lesen Sie bitte im Kapitel »Wettkampftraining«. Hier sind einige Vorübungen beschrieben, um den Hund daran zu gewöhnen, dass der Hundeführer sich bewegt und der Hund die Körpersprache des Menschen lesen lernen kann. Natürlich brauchen Sie für diese Übungen nicht zwingend Sprungausleger, da ja auch noch keine Stangen vorhanden sind. Sie können dazu auch Bäume (wenn diese im richtigen Abstand stehen), höhere Topfpflanzen, Abfalltonnen oder einen Gegenstand ihrer Wahl nehmen. Auch brauchen Sie außer bei der Voranübung nicht unbedingt den Sprung zu begrenzen, sondern ein Ausleger genügt voll und ganz.

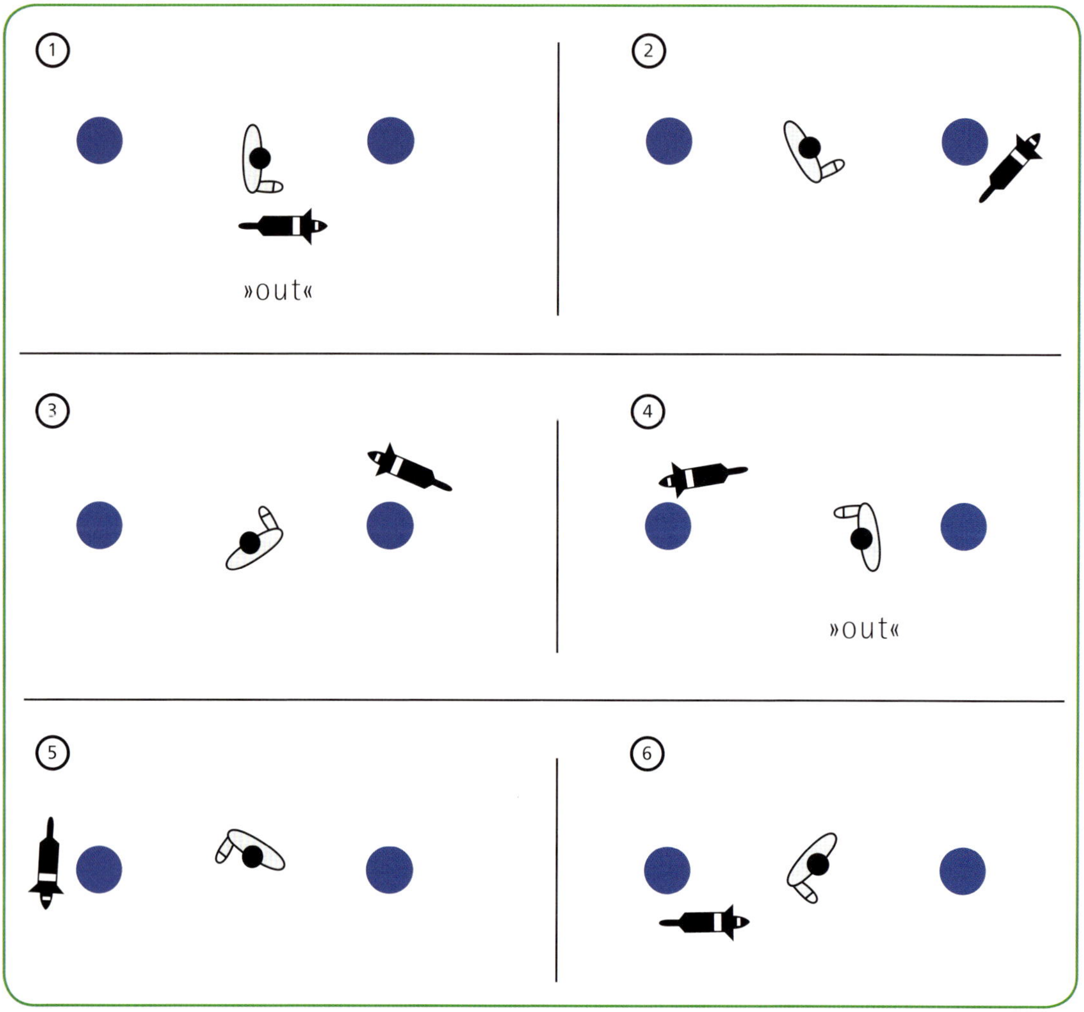

① »out«

②

③

④ »out«

⑤

⑥

»Out«

»Voran«

Damit der Hund das »Voran« mit den Auslegern üben kann, stellen Sie zu Beginn die Ausleger in einer Distanz zueinander auf, dass sowohl Sie wie auch Ihr Hund dazwischen durchrennen können. Nun lassen Sie den Hund mit dem »Ready-Steady-Go-Spiel« durch die Ausleger zum Spielzeug oder Target rennen. Stellen Sie nun immer einen Sprung dazu, bis Sie mehrere Hürden absolvieren können, ohne dass der Hund auf das Vorankommando den Blick zu Ihnen sucht, sondern nur geradeaus. Wenn Sie diese Übung mehrmals gemacht haben, stellen Sie die Ausleger näher zusammen, so dass Sie außen an den Auslegern rennen und der Hund in der Mitte durchgeht. Wenn der Hund Mühe damit hat, dass der Hundeführer eine größere Distanz zu ihm hat, gehen Sie ein paar Schritte zurück und beginnen die gleiche Übung nochmals mit nur zwei Sprüngen.

»Out«

Stellen Sie zwei Sprungausleger oder einfach zwei Gegenstände in ca. fünf Meter Abstand gegenüber. Stellen Sie sich nun in die Mitte der beiden Gegenstände und führen Sie den Hund beispielsweise an Ihrem rechten Bein. Nun senden Sie den Hund mit der rechten Hand außen an den Auslegern vorbei. Benutzen Sie dabei das Kommando »Out«, welches Sie ja bereits geübt haben. Im Gegensatz zu Regula benütze ich dazu den Arm näher beim Hund, weil ich damit viel mehr Dynamik reinbringen kann, und weil die Reichweite weiter ist. Nehme ich die andere Hand, drehe ich den Oberkörper gegen den Hund. Er tendiert dann dazu, zum Hundeführer zu kommen. Versuchen Sie beide Varianten und wählen Sie den für Ihren Hund richtigen Stil. Auch kommt es immer wieder auf die Situation an. Manchmal ist es besser, mit dem Führarm zu arbeiten, und manchmal eignet sich der Gegenarm besser.

Versuchen Sie auch mit der Bewegung sehr viel Dynamik rein zu bringen, also kleine Schritte machen und nicht einfach stehen bleiben (es sei denn, der Hund bringt so viel Eigenmotivation mit, dass dies nicht notwendig

»Out«

ist). Schicken Sie nun den Hund in einer Kreisbewegung um Sie herum und gleichzeitig um die Ausleger. Damit der Hund nun mit Begeisterung von Ihnen wegläuft, bestätigen Sie den Hund immer von Ihnen weg, das heißt, wenn der Hund den ersten Ausleger erfolgreich umgangen hat, werfen Sie ihm das Spielzeug in die Richtung des zweiten Sprunges. Dabei drehen Sie sich nun mit dem Hund mit. Erhöhen Sie wiederum die

Lernschritte langsam, bis der Hund auch motiviert zweimal um Sie herumläuft. Danach führen Sie die gleiche Übung seitenverkehrt aus.

»Belgier«

Wie auf Seite 47 senden Sie erst den Hund mit einem »Out«-Kommando von Ihnen weg, in der linken Hand haben Sie das Spielzeug. Sobald der Hund den ersten

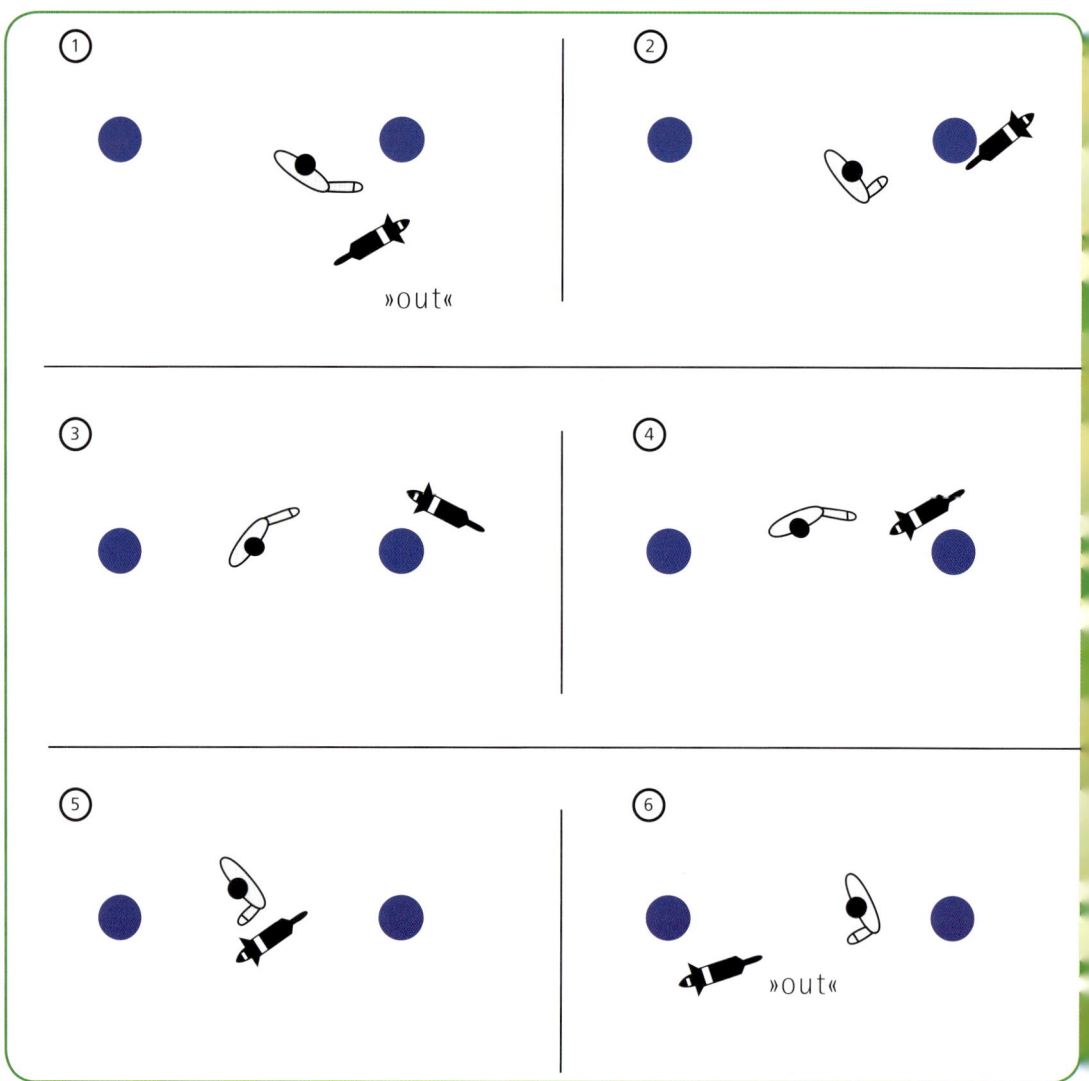

»Belgier«

»Belgier«

Ausleger umgangen hat, drehen Sie sich jetzt nicht mit ihm, sondern um 90° in die andere Richtung. Wechseln Sie dabei von der rechten Hand auf die linke Hand und rufen Sie den Hund zu sich. Zeigen Sie dem Hund die linke Hand, damit dieser versteht, an welchem Bein er aufschließen soll. Drehen Sie sich nur so schnell, dass Sie den Hund immer sehen. Wenn Sie sich zu schnell drehen, wird der Hund nur Ihren Rücken sehen und sich selbst entscheiden müssen, an welches Bein er aufschließt. Sobald der Hund Sie erreicht hat, spielen Sie mit dem Hund Tauziehen. Machen Sie die gleiche Übung nochmal, bis der Hund verstanden hat, was er tun soll. Lassen Sie nun den Hund nicht bei Ihnen spielen, sondern werfen Sie das Spielzeug in Richtung zweiter Ausleger, damit der Hund lernt, an Ihnen vorbeizulaufen. Wiederholen Sie auch diese Übung mehrmals. Danach lassen Sie den Hund mit der linken Hand und dem Kommando »Out« auch um den anderen Ausleger rennen, damit eine Acht entsteht.

Bei dieser Übung ist es wichtig, dass Sie abwechslungsweise die Übung mit dem Tauziehen beim Hundeführer und mit dem Werfen des Spielzeuges beenden. Somit wird der Hund sowohl motiviert auf Sie zukommen als auch motiviert von Ihnen weggehen.

»Japaner« (blinder Wechsel)

Als Vorübung für den »Japaner« machen Sie Folgendes: Der Hund ist im Sitz oder Platz und wartet. Sie bewegen sich vom Hund weg. Stellen Sie sich nun auf die gleiche Linie auf der sich der Hund befindet. Erst halten Sie den linken Arm nach hinten (ganz wichtig, sonst ist es für den Hund nicht ersichtlich, an welche Seite er aufschließen soll) und drehen den Kopf nach links. Jetzt wechseln Sie blitzschnell die Seite, das heißt, der linke Arm geht weg und der rechte Arm geht nach hinten, gleichzeitig dreht sich der Kopf nach rechts, und Sie rufen den Hund ab. Sie können diese Übung noch mit dem »Change« unterstützen. Lassen Sie den Hund nun entweder rechts an Ihnen vorbeilaufen oder spielen Sie Tauziehen, wenn er bei Ihnen ankommt. Jetzt steigern Sie die Übung, indem Sie ca. drei Meter nach vorne gehen und den linken Arm nach hinten halten. Kurz bevor Sie die Seite wechseln, rufen Sie den Hund ab. Sie müssen nun wirklich blitzschnell Ihre Bewegung ausüben, damit der Hund die richtige Seite erwischt.

Mit den Auslegern ist dies die gleiche Übung wie beim Belgier, außer dass sich der Hundeführer anders bewegt. Sobald der Hund den ersten Ausleger umläuft, dreht sich der Hundeführer vom Hund weg, dreht den Kopf auf die linke Seite und hält den linken Arm nach hinten. Gehen Sie in den genau gleichen Schritten vor, wie beim Belgier. Diese Übung ist ja eigentlich nur für den Hundeführer eine Herausforderung, der Hund hat sie ja bereits beim Belgier begriffen.

Vom Hundeführer wegdrehen

Der Handwechsel hinter dem Hund ist eigentlich nichts anderes als die Übung »Über-die-Hand-Wegschicken« unter der Rubrik Links/Rechts/Übungen.

Über die Hand wegschicken mit Gegenstand:
Jetzt senden Sie den Hund um einen Gegenstand oder einen Ausleger herum. Der Hund muss die Basisübung ohne Gegenstand sehr gut verstanden haben, damit er diese ausführen kann, da das »Gutzi« oder Spielzeug für einen Moment vom Gegenstand verdeckt wird und der Hund außenherum vorbeilaufen muss. Machen Sie die Übung wiederum erst auf die eine Seite, und erst wenn das einwandfrei klappt, auf die andere.

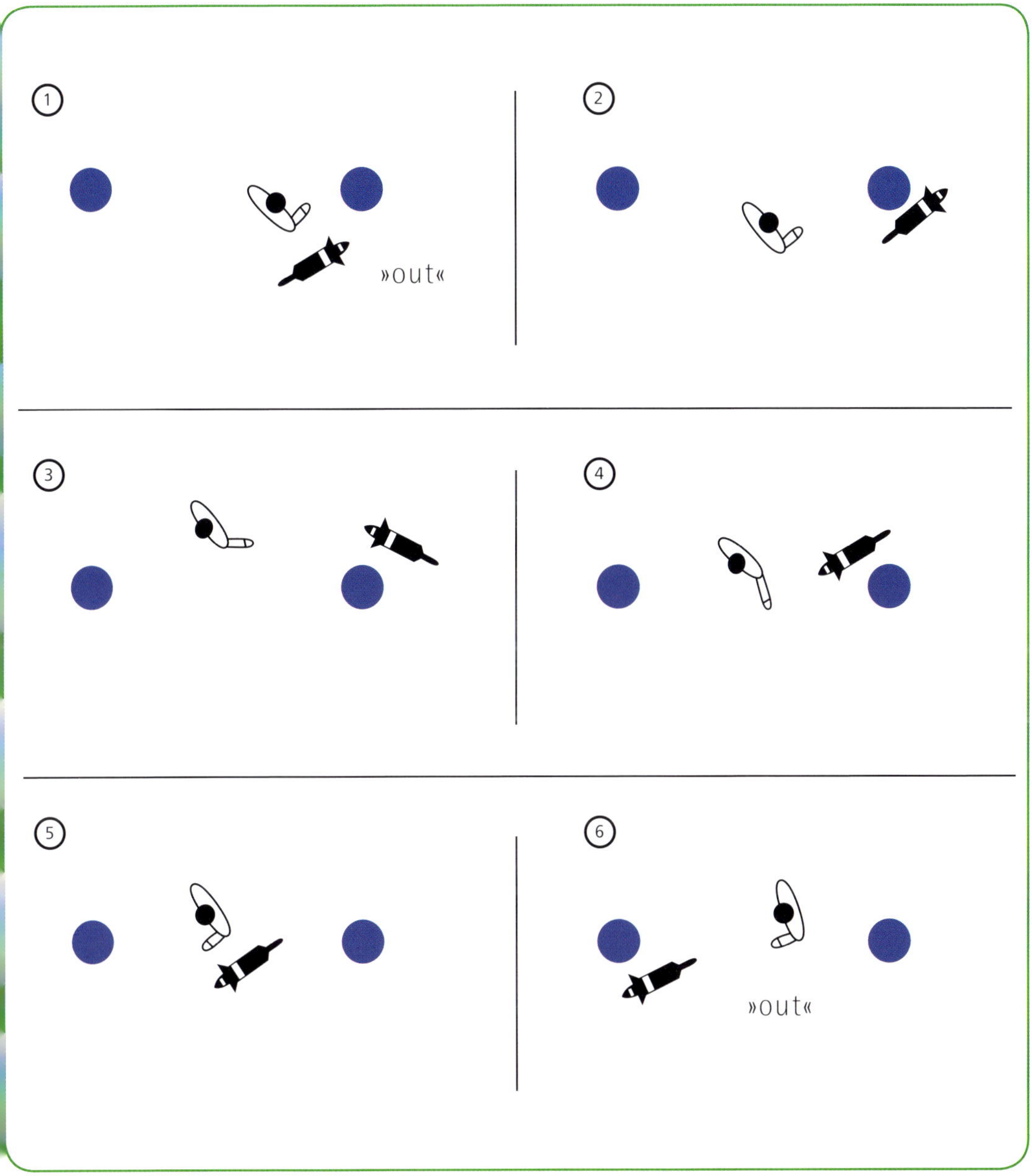

①

»out«

②

③

④

⑤

⑥

»out«

»Japaner«

Hund wird zum Hundeführer hingezogen ...

... bis er die seitliche Verlängerung des Sprunges überschritten ha▮

Der Hund wird über die Hand weggedreht ...

... womit die Aufmerksamkeit auf das Gerät gelenkt wird, ...

... welches er nun angehen kann.

Bestätigung erfolgt nun mit dem Ball.

Handwechsel

Dies ist wiederum eine ähnliche Übung wie die vorherige. Nur muss der Hund nun den Gegenstand sehr selbständig umgehen. Der Hund hat aber schon gelernt, dass er auf diese Bewegung von uns wegdreht. Genau das braucht der Hund auch, damit der Handwechsel hinter dem Hund erfolgreich absolviert werden kann. Stellen Sie den Hund so schräg vor den Sprung oder Gegenstand, dass der Winkel nicht 90°, sondern nur 45° beträgt. Erhöhen Sie den Winkel nach und nach. Der Hund ist an Ihrem linken Bein, gehen Sie einen Schritt nach vorne, unterstützen Sie den Hund mit einem Linkskommando und dem rechten Arm und gehen Sie auf den Sprung oder Gegenstand zu. Nun kreuzen Sie aber hinter dem Hund. Die Übung ist die genau Gleiche wie die vorherige. Das Kreuzen hinter dem Hund bedingt, dass der Hund die eingangs erwähnten Übungen sehr motiviert macht. Ist er noch unsicher hat diese Übung noch gar keinen Sinn.

Fortsetzung der Bildserie S. 54 ▶

Handwechsel hinter dem Hund mit Hilfe von Spielzeug oder Futter.

Handwechsel hinter dem Hund ohne Hilfsmittel.

3. Philosophie des Sprungtrainings

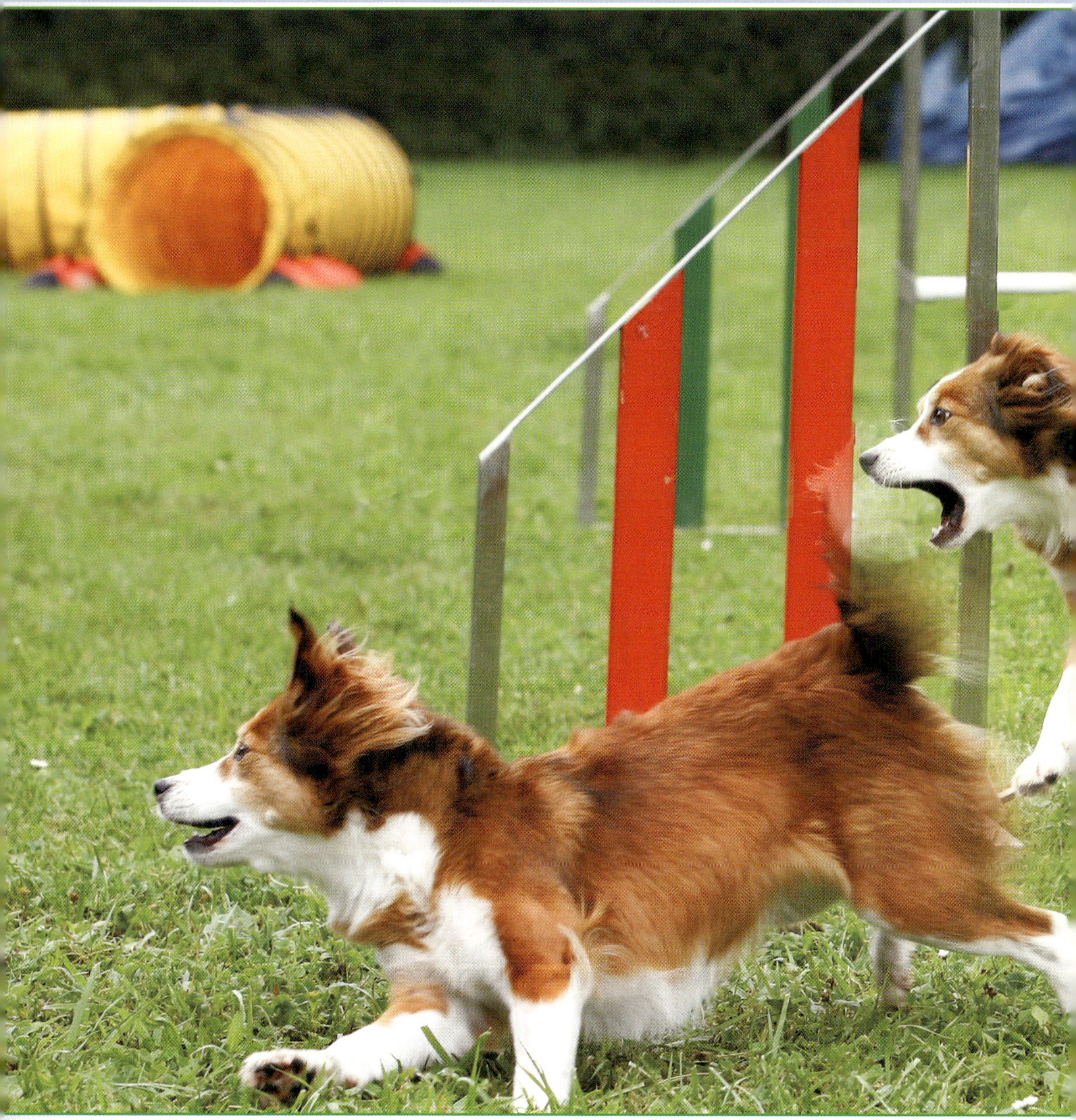

(nach Alexandra Roth)

Haben Sie sich schon mal überlegt, was ein Agility-Hund auf Sprüngen alles können muss?

Dies sind enorm viele Fähigkeiten, die sich ein Hund (ähnlich wie beim Pferdespringsport) durch Übung aneignen muss. Was mich als Allererstes sehr erstaunte war, dass Hunde nur mit einer Stange springen. Für mich war dies bis zu diesem Zeitpunkt ein Ding der Unmöglichkeit. Es ist außerordentlich schwierig für ein Tier, die Höhe eines Sprunges und die Distanz dazu abzuschätzen, wenn nur eine Stange liegt. Bei jungen Pferden legt man sogar zu mehreren Stangen noch einen Fuß dazu, das heißt, eine Stange liegt auf der Erde. Dies erleichtert den Tieren die Arbeit.

Als ehemalige Springreiterin mache ich mir sehr viele Gedanken über diese Problematik. Beim Springreiten übernimmt der Reiter sehr viel Verantwortung über

Der Hund muss:

▶ Einschätzen, wie weit der Sprung weg ist.
▶ Wie man den perfekten Absprungsort findet.
▶ Wie viele Galoppsprünge es braucht bis zum perfekten Absprungsort.
▶ Wie man die Galoppsprünge anpasst (verkürzt oder erweitert), um zu diesem Absprungsort zu gelangen.
▶ Einschätzen, wie hoch der Sprung ist und wie viel Muskel-Effort es braucht, um ihn richtig zu absolvieren.
▶ Wie man eine Wendung vor dem Sprung oder in/nach der Landung eines Sprunges macht.
▶ Welches die sicherste und effizienteste Flugbahn über den Sprung ist.
▶ Welchen Sprungstil man benützt (Beine angezogen oder nach hinten genommen oder Kombination beider).
▶ Wie man »In-Outs« macht (das heißt, der Hund landet und springt ohne Zwischengalopp wieder ab). Dies erfordert einen Kraftakt und eine enorme Körperbeherrschung, welche der Hund sich aneignen muss.
▶ Wie man Sprünge in verschiedenen Winkeln macht.
▶ Wie man die rechte oder linke Pfote für den Galopp gebraucht und wissen muss, wann welcher Galopp gefragt ist (in einer Rechtskurve galoppiert das Tier rechts und in einer Linkskurve gebraucht es den Linksgalopp).
▶ Wie man den Galopp wechselt (über dem Sprung und auf dem Boden).
▶ Wie man auf unebenem Gelände (etwas abwärts oder aufwärts) springt.
▶ Wie man auf jeglicher Oberfläche springt.
▶ Wie man springt, wenn es heiß, nass oder matschig ist.

den Absprungspunkt, sowie über die Länge der Galoppsprünge. Ein guter Springreiter weiß, wie lange ein Galoppsprung seines Pferdes ist. Wenn jetzt in einem Parcours eine Distanz (beispielsweise in einer Kombination) für das Pferd schwierig wird, zum Beispiel dreieinhalb Galoppsprünge, dann entscheidet der Reiter, ob er das Pferd antreibt, so dass daraus drei Galoppsprünge entstehen, oder er nimmt das Pferd auf, damit vier

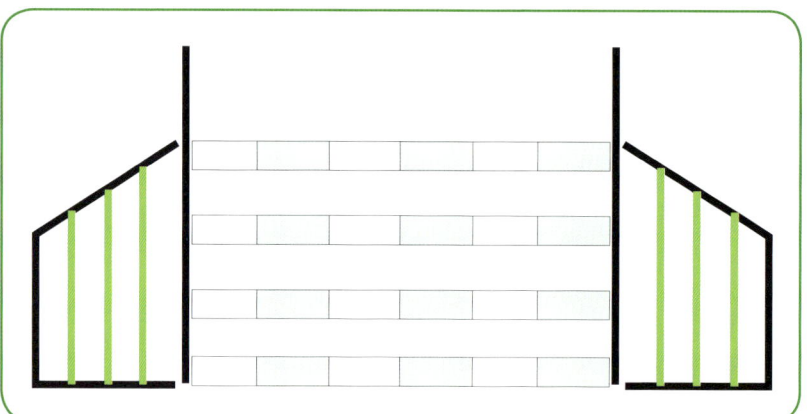

Sprung im Pferdespringsport mit Fuß (unterste Stange).

Galoppsprünge zwischen den Hindernissen machbar sind. Diese Entscheidungen hat ein Agility-Hund alle selbst zu treffen. Zudem muss er noch aufpassen, wo es lang geht. Klar kann ich den Hund dafür strafen, dass er die Stangen nicht oben lässt, aber das hilft ihm in der Technik ganz und gar nicht. Es ist viel schwieriger, die Sprungtechnik des Tieres zu verbessern, aber dafür hält dies dann das ganze Leben lang an.

Folgendes gilt es auch zu wissen: In einer Linkskurve galoppieren vierbeinige Tiere im Linksgalopp und in einer Rechtskurve galoppieren sie im Rechtsgalopp. Wenn der Hund nun davon ausgeht, dass es nach dem Sprung in eine Rechtskurve geht, wird er im Rechtsgalopp landen. Der Reiter zeigt dies dem Pferd durch Schenkelhilfe und Gewichtsverlagerung bereits beim Absprung an, das sollte auch der Hundeführer im Agility tun. Wenn der Hund auf dem Sprung den Galopp wechselt, gibt dies sehr viel Unruhe vor allem in der Hinterhand und kann eine Stange kosten. Beim Kreuzen hinter dem Hund, kommt es oft vor, dass die Hunde in der Landung eine Drehung machen. Die Ursache dafür ist, dass der Hund die Information zu spät erhält. Er befindet sich in der Landephase und hat sich bereits entschieden, beispielsweise im Linksgalopp zu landen. Der Hundeführer hat nun aber hinter dem Hund gekreuzt und eigentlich wäre ein Rechtsgalopp nötig. Ein routinierter Hund wechselt nun in der Landung noch den Galopp (dies unter einem sehr hohen Energieaufwand). Ein nicht so routinierter Hund wird erst einen Dreher machen und in der Drehung den Galopp wechseln. Diese Dreher sind nichts anderes, als den Hund »auf dem falschen Fuß« zu erwischen!

»Voran«

Wenn ich einen Agility-Parcours auf den Straßenverkehr umwandle, das heißt, dann ist der Hund der Fahrer und der Hundeführer der Kartenleser oder das Navigationssystem. Der Fahrer würde sich bedanken, wenn die Informationen zum Abbiegen in genau dem Moment kommen, in dem diese umzusetzen sind. Beispielsweise fahren Sie mit 100 km/h eine Straße entlang und der Kartenleser schreit Ihnen in genau dem Moment »Links« ins Ohr, in welchem Sie abbiegen müssen.

Der Hund landet auf dem »falschen Fuß«, das heißt, im falschen Galopp und dreht sich um die eigene Achse.

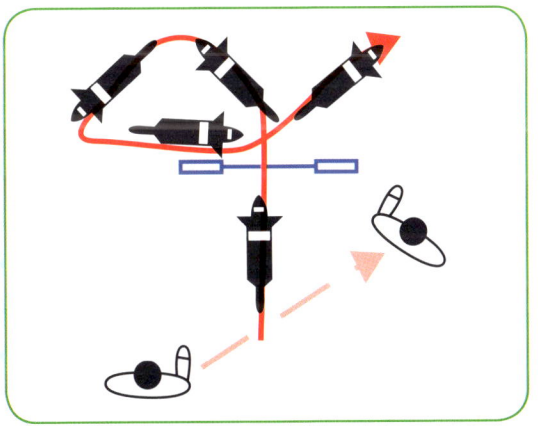

Folgende Szenarien wären die Folge:

1. Sie verpassen die Straße, weil Sie die Kurve nicht mehr erwischt haben.
2. Es überschlägt Sie in der Kurve, weil Sie unbedingt »gehorchen« möchten.
3. Sie fahren in Zukunft nur noch 30 km/h, weil Sie nie wissen, wann der »Navigator« daneben wieder schreit … oder
4. Sie schmeißen den Kartenleser aus dem Auto und ersetzen ihn. Leider hat der Hund diese Möglichkeit nicht!

Nicht umsonst plappert Ihnen ein GPS ständig irgendwelche Infos ins Ohr. Sie wissen genau, dass es beispielsweise noch sieben Kilometer geht, bevor Sie abbiegen müssen. Dies bestärkt Sie darin, die Höchstgeschwindigkeit zu fahren. Sie wissen genau, wann Sie abbiegen müssen, Sie haben Zeit genug, zu blinken, runterzuschalten, abzubremsen und in aller Ruhe abzubiegen.

Warum geben Sie diese Chance den Hunden nicht? Unsere Philosophie beruht genau auf dieser Erkenntnis. Das »Voran« ist als Richtungskommando die 150 km/h Tafel. Diese sagt: »Lauf los, leg Tempo zu, ich sag dir dann schon, wann die Richtungsänderung kommt«. Das »Rechts oder Links« ist eine 80 km/h Tafel. Dies ist eine normale Kurve. Das »Hey« ist die 30 km/h Zone und bedeutet soviel wie »scharfe Kurve voraus«. Sie würden sich bedanken, wenn das »Achtung Kurve Schild« erst mitten in der Kurve stehen würde.

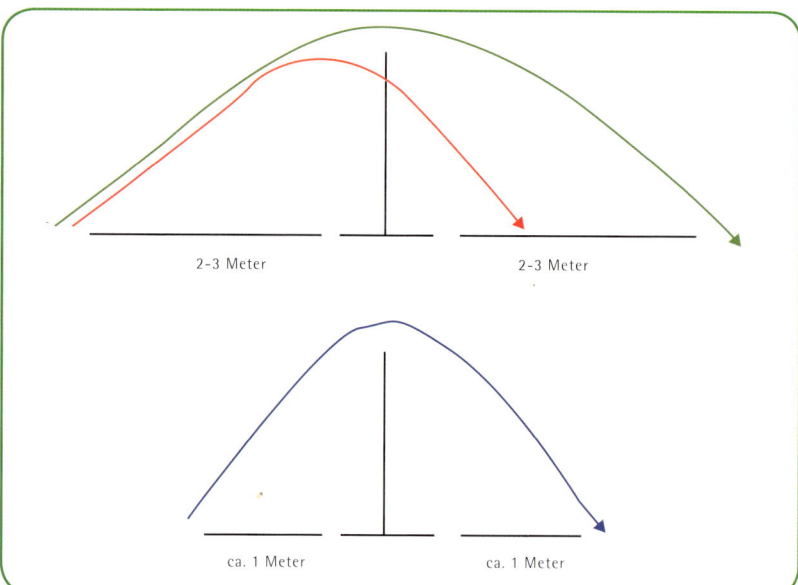

Flugkurve

2–3 Meter   2–3 Meter

ca. 1 Meter   ca. 1 Meter

> **Wenn** *der Hund erstmal abgesprungen ist und sich in der Luft befindet, kann er nichts mehr ändern.*

Wenn Sie ihn dann ansprechen, sich drehen, etc., wird der Hund zwar versuchen, näher beim Sprung zu landen – was ihm den weiteren Parcours vereinfachen würde, weil er dann eine engere Wendung laufen kann – er wird aber die Stange schmeißen, da er die Landephase früher einleitet (siehe rote Kurve). Bleibt er auf der bereits gesprungenen Linie, wird er weit hinter dem Sprung landen (siehe grüne Kurve) und somit die Stange in den Halterungen lassen. Nur wenn der Hund bereits sehr nahe beim Sprung abspringt (siehe blaue Kurve), ist es ihm möglich, eine enge Kurve zu laufen. Der Hund wird ein physikalisches Gesetz befolgen. Wenn er den Sprung richtig springt, wird der Sprung der höchste Punkt in der Sprungphase sein, und somit die Distanz vom Absprungpunkt bis zum Sprung die gleiche sein, wie diejenige vom Sprung bis zum Landepunkt (beispielsweise zwei bis drei Meter).

Wie Sie aus dem »Voran« ersehen können, gibt es Hunde, die wissen, dass wenn der Befehl »Voran« kommt, es sich um eine Gerade handelt, und sie springen diese dann extrem weit. Einen solchen Hund nach der Landung anzusprechen, würde nun gar nichts mehr bringen, weil der Hund sich bereits für den nächsten Sprung vorbereitet, und sich bereits schon wieder in der Abflugphase befindet. Wenn ein solcher Hund nun nicht abbiegt, hat das nichts mit Gehorchen zu tun, sondern damit, dass er schlichtweg keine Chance hatte, eine Kurve einzuleiten. Geben Sie dem Hund aber früh genug eine Information, dass Sie abbiegen wollen, kann er ihr auch folgen. Agility-Hunde nehmen ja nicht extra zum Leidwesen der Hundeführer falsche Geräte. Es ist also sinnvoll, dem Hund die Information für das nächstfolgende Gerät bereits vor dem vorhergehenden zu übermitteln.

Aus der Grafik Absprungspunkte ersehen Sie, wo etwaige Absprungspunkte für »Large-Hunde« liegen. Bei den »Small- und Medium-Hunden« ist es dementsprechend wieder anders. Der Hund erhält beim Start beispielsweise ein »Voran«, und zwar nicht für den ersten Sprung, sondern für den zweiten Sprung. Zwischen dem ersten und zweiten Sprung erhält der Hund nochmals ein »Voran«, welches dem Hund die Information gibt, dass er beruhigt fast im Tunnel landen kann, denn das nachfolgende Gerät ist der Tunnel. Viele Hundeführer beklagen sich über die Parcours, dass der Hund bereits in der Verleitung landen würde, etc. Wenn der Hundeführer nun aber den Hund etwas anders führt, landet der Hund ganz woanders. Die grünen Punkte nun symbolisieren den Absprungspunkt bei einem Kommando »Rechts«. Der Hund erhält zwischen Sprung eins und Sprung zwei das Kommando »Rechts« und kann somit runterbremsen. Er wird näher zum Sprung laufen und damit auch näher beim Sprung wieder landen, und er kommt somit gelenkschonender um die Ecke. Ein Hund, der das Kommando »Rechts« kennt und weiß, dass er sofort abbiegen muss, wird lernen, dass er erst das

Gerät absolvieren soll und erst dann eindrehen (auch mein Hund hat das später gelernt). Dadurch, dass der Hundeführer ja nicht auf das Kommando stehen bleibt, wird der Hund den Sprung noch nehmen. Es sind vor allem die abrupten Körperbewegungen des Hundeführers, die den Hund veranlassen, die Stange zu werfen. Mit dieser Führweise braucht der Hundeführer nicht mehr solch abrupte Körperbewegungen zu machen, und der Hund kann ruhiger arbeiten.

Die gelben Punkte nun symbolisieren das Kommando »Hey, rechts«. Es gibt einige sehr gute Übungen in denen der Hund das Kommando verknüpfen lernen kann.

Sie befinden sich erst immer links der Hürden und machen »Belgier«, und beim zweiten Mal nur rechts an den Hürden.

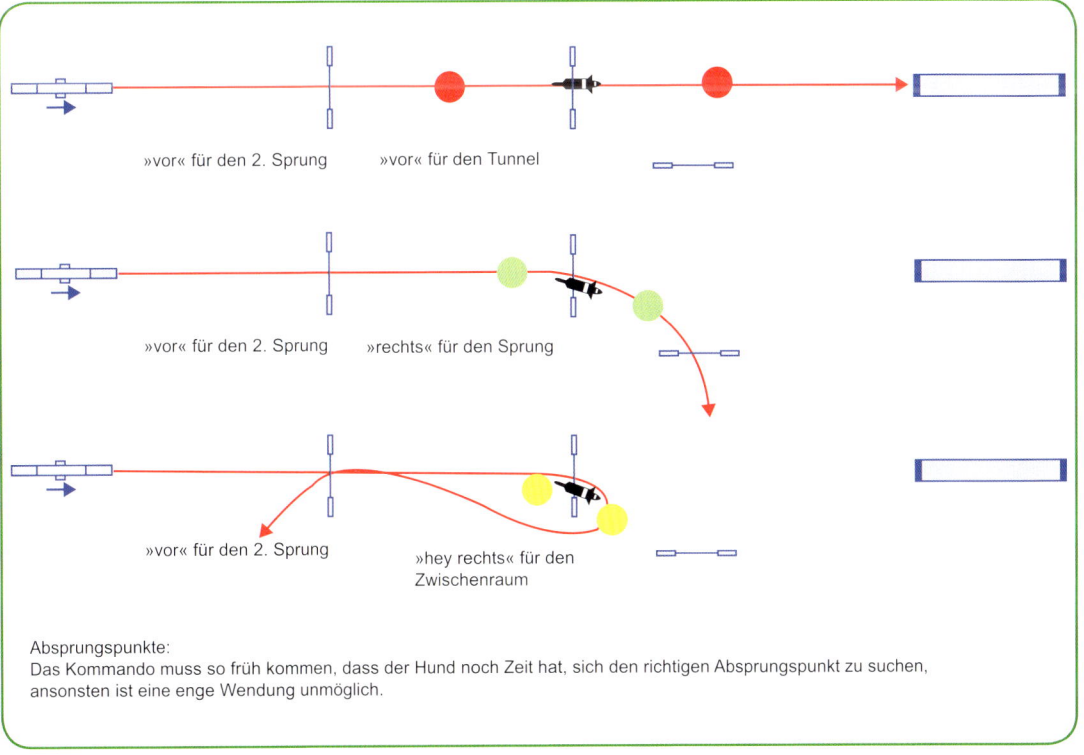

»vor« für den 2. Sprung »vor« für den Tunnel

»vor« für den 2. Sprung »rechts« für den Sprung

»vor« für den 2. Sprung »hey rechts« für den Zwischenraum

Absprungspunkte:
Das Kommando muss so früh kommen, dass der Hund noch Zeit hat, sich den richtigen Absprungspunkt zu suchen, ansonsten ist eine enge Wendung unmöglich.

Absprungs- und Landepunkte.

Dadurch, dass der Hund auch immer wieder geradeaus laufen darf, finden die meisten Hunde diese Übung sehr spaßig. Für den Hundeführer ist es eher ein Fitnesstest. Der Hund hat nun gelernt, dass das »Hey« scharfe Kurve bedeutet, er wird das Tempo verlangsamen. Schließlich ist es auch für uns sinnvoller mit 60 km/h eine Passstraße hochzufahren und nicht mit 120 km/h. Somit kann der Hund das für ihn sinnvolle Tempo wählen und eng an den Sprung hinlaufen, um ganz eng herumzukommen. Wenn der Hund beispielsweise den roten Absprungspunkt nimmt und fast vor dem Tunnel landet, ist es für ihn unmöglich, eine enge, schnelle Kurve zu laufen. Im Gegenteil, er wird sich fast die Beine brechen und wahrscheinlich noch in eine Disqualifikation laufen.

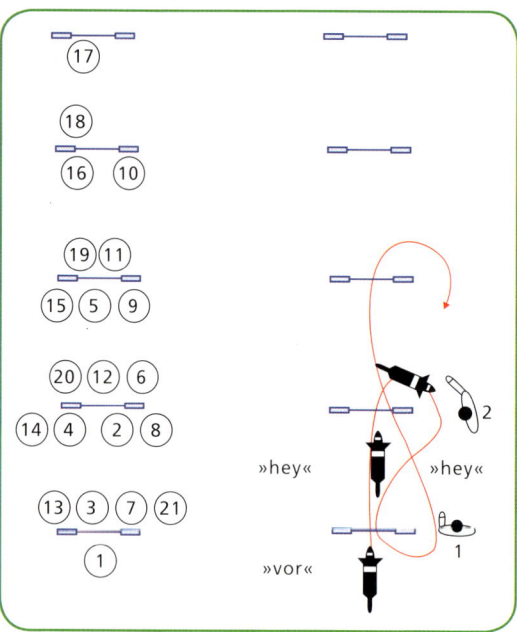

»Hey«-Übung, bei mir bekannt als Fitnesstest.

Wenn *man den Slalomskifahrern zuschaut oder selber schon auf einem Motorrad saß, dann weiß man, dass eine Kurve niemals direkt angefahren wird, weil es einen zu sehr raustragen würde. Viele »Agilityaner« tun aber genau das mit ihren Hunden. Der Hund verliert so zudem den Boden unter den Füßen, weil er über einen Sprung springen muss. »Schumi« würde für eine Kurve immer zuerst ausholen und dann in sie rein schneiden. Dies ist die viel schnellere Variante und vor allem gelenktechnisch die viel gesündere. Alles, was der Hund zwischen den Geräten macht, ist nicht schlimm. Wenn der Hund aber die Landung mit seinen Pfoten abfangen und dann auch noch zusätzlich eine Drehung einbauen muss, ist das eine enorme Belastung für das Skelett, vor allem aber eine zusätzliche Belastung, die gar nicht nötig wäre.*

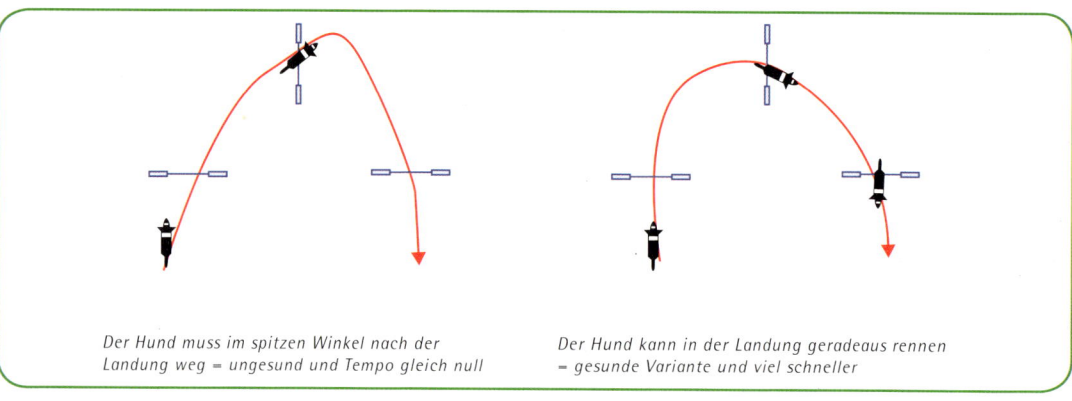

Der Hund muss im spitzen Winkel nach der Landung weg = ungesund und Tempo gleich null

Der Hund kann in der Landung geradeaus rennen = gesunde Variante und viel schneller

Angehen eines Sprungs

Schauen Sie sich einmal Bilder von Hunden an, die sich gerade über einem Sprung befinden. Daraus ist ersichtlich, wie schwer es für einen Hund ist zu springen. Für einen Hund ist es viel einfacher, sich auf das Gerät einzustellen, wenn er im Vorfeld schon weiß, wohin er springen soll (geradeaus, kurz, weit oder schon drehend über dem Sprung). Es ist auch sehr gut ersichtlich, wie der Hund die Rute als Höhenruder einsetzt.

Wir haben einen Versuch gemacht: Ich stehe immer auf der linken Seite des Sprunges und stehe die ganze Zeit still. Hinter dem Sprung steht geradeaus der Tunnel. Abwechslungsweise haben wir den Hund nun einmal geradeaus in den Tunnel geschickt und ihn dann wieder einmal kurz links abbiegen lassen. Sehen Sie nun, wie wichtig es ist, dass der Hund bereits weiß, wo es lang geht.

Der Hund springt über die Mitte der Stange und sein Blick ist nach vorne gerichtet. Seine ganze Aufmerksamkeit gehört dem nachfolgenden Tunnel. Es ist für ihn auch nicht nötig, den Blick zum Hundeführer zu richten, denn er kennt ja das Kommando »Voran«.

Auf diesem Bild wird der Hund rechtzeitig angesprochen. Er springt nahe am linken Ausleger und hat sich bereits beim Absprung darauf eingestellt, dass es sich um eine enge Kurve handelt. Wie Sie aber an der Rute ersehen können, muss er mit dieser seine Flugkurve korrigieren. (Die Information war demnach eine Spur zu spät.)

Auf diesem Bild ist nun auch die Rute in die richtige Richtung gedreht, der Hund braucht keinerlei extra Energieaufwand über dem Sprung und auch keine unruhige Korrektur.

Bei diesen Bildern sehen Sie, wie der Hund reagieren wird, wenn die Informationen zu spät eintreffen. Er versucht zwar alles, um dem Hundeführer zu gehorchen, gebraucht seine Rute als Höhenruder, kann aber nicht anders, weil er erst in der Luft angesprochen wurde.

Die Bilder habe ich so geschnitten, dass Sie die Pfoten nicht sehen, aber Sie können sich diese unter dieser Belastung vorstellen. Die Belastung auf das Skelett und den Bandapparat muss hier wohl nicht erwähnt werden.

Auf diesem Bild dreht sich Indiana in der Luft, auch sie wurde zu spät angerufen. Sie wird allerdings nicht mit verdrehten Pfoten landen, sondern mit verdrehtem Rücken. Dass dies auch nicht gesund ist, brauche ich wohl nicht zu erwähnen.

Hier ein Medium-Hund, der etwas spät angesprochen wird. Ich finde dieses Bild super, weil Centa in der Rute ein Fragezeichen ausweist, als wollte sie damit ausdrücken: »Ich bin mir nicht wirklich ganz sicher…«.

Aber auch bei einem Medium-Hund sieht es schlimm aus, wenn dieser erst in der Luft Informationen über den weiteren Parcoursverlauf erhält.

Wie es in Perfektion aussehen soll, sehen Sie auf diesem Bild. Enger kann der Hund nicht eindrehen. Um aber so zu springen, braucht der Hund die Informationen sehr früh. Nur Hunde, die den Weg genau kennen, können die engste Linie treffen.

Immer wieder wird behauptet, dass es »soooo« einfach sei mit kleinen Hunden. Klar ist die Distanz zwischen den Hindernissen vergleichbar größer, aber auch für kleine Hunde ist es ungesund, zu weit zu springen und außerdem kämpfen »Medium-Teams« untereinander und »Small-Teams« untereinander. Das heißt, wenn ein anderer »Small-Hund« eng springt, nützt es mir nichts, wenn viele »Large-Hunde« weit springen, wenn ich auch einen »Small-Hund« besitze.

In England weigern sich beispielsweise viele Hundeführer an Olympia oder die WM zu laufen, die in Hallen stattfinden, weil sie ihre Hunde auf dem Teppich wegen großer Rutschgefahr nicht gesundheitlich gefährden wollen. Klar ist das Risiko, sich auf einem Teppich eine Zerrung zu holen groß, aber der Teppich zeigt uns auch an, wo wir noch Führdefizite besitzen. Rutscht der Hund, heißt das für uns vor allem auch, dass der Hund nicht rechtzeitig die Informationen darüber erhalten hatte, was folgt. Auf Rasen wirken ja schließlich die gleichen Kräfte, nur mit dem Unterschied, dass der Hund nicht rutscht und diese gut abfangen kann. Der Hund muss diese extremen Kräfte mit seinem Gelenks- und Bandapparat auffangen, was für ihn sehr ungesund sein kann. Wenn Sie nun versuchen, den Hund auf den Sprüngen mit Vorausdenken etwas anders zu führen, ist schon sehr viel Belastung weg, und der Hund wird es Ihnen danken.

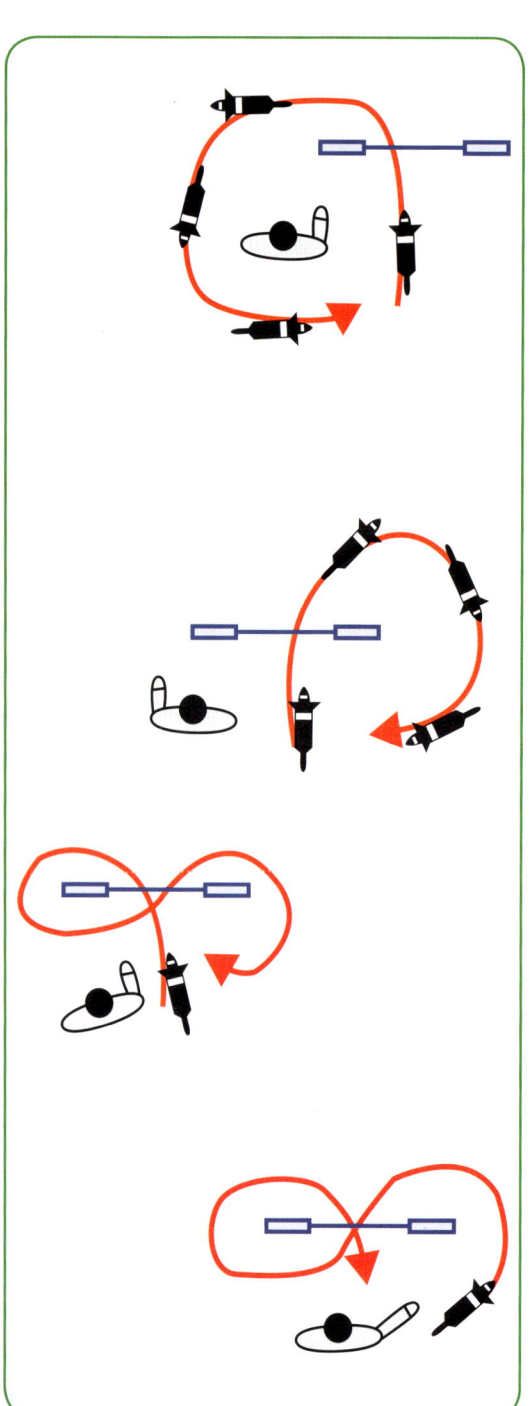

Übungen mit einem einzelnen Sprung.

Wenn ein Hund ein Stangenproblem aufweist, würde ich eine Zeit lang nur auf einem Sprung oder zwei Sprüngen arbeiten. Der Hund muss lernen, wie er mit seinem Körper umzugehen hat. Beim Pferdespringsport wird sehr oft und in allen möglichen Formen Sprünge trainiert. Beim Agility werden oft Slalomeingänge, Zonen, etc. trainiert und die Sprünge vernachlässigt, in der Annahme, das sei Sache des Hundes. Ich bin auch der Meinung, dass Springen der »Job« des Hundes ist, aber ein »Job« kann nur dann richtig und souverän gemacht werden, wenn derjenige, der ihn ausführt auch eine fundierte Ausbildung hat. Wenn der Hund

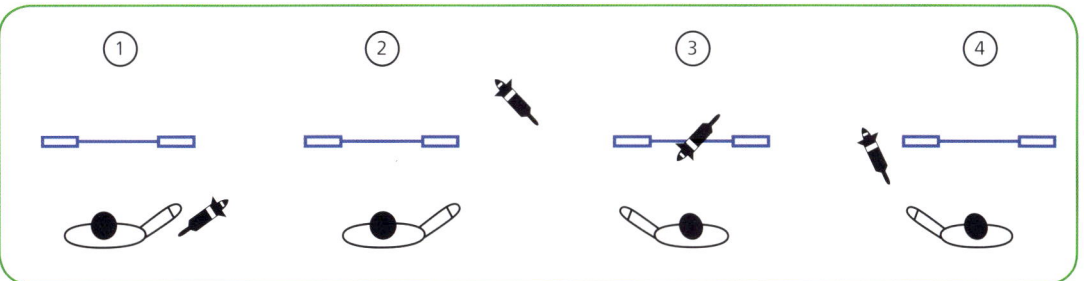

Der Hund wird vom Hundeführer weg- und hinter den Sprung geschickt. Dann erfolgt der Sprung.

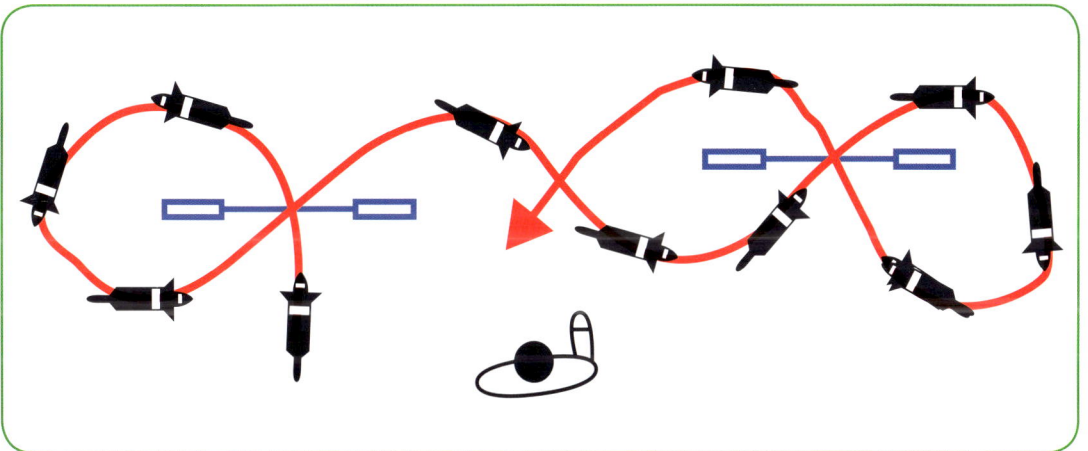

Übungen mit zwei Sprüngen.

mit sechs m/sec angerannt kommt, kann er nicht auch gleichzeitig denken und alles richtig machen. Das ist wie wenn ich mit einem Ferrari Auto fahren lerne und die ersten drei Gänge gesperrt sind! Wenn ich jetzt mit wenig Tempo arbeite, kann ich dem Hund auch »erklären«, was ich möchte. Berührt der Hund die Stange, sage ich »Äh-Äh«. Arbeitet der Hund den Sprung mit Erfolg ab, bekommt er eine Bestätigung. Ich arbeite zu Beginn nur den Sprung einmal ab. Begreift der Hund nun, was er zu tun hat, kann ich ihn die Hürde in Folge zweimal oder gar dreimal arbeiten lassen. Bestätigen Sie immer wieder, wenn der Hund erfolgreich war. Es ist gar

nicht einfach zu wissen, was man mit allen Läufen und mit dem Rücken, etc. machen soll. Einige Hunde bieten eine perfekte Sprungtechnik an, mit anderen muss hart daran gearbeitet werden. Natürlich gibt es auch andere Trainingsmethoden, die mit dem Barren beim Springsport verglichen werden können. Natürlich kann ich den Hund dafür strafen (in welcher Form auch immer), dass er eine Stange gerissen hat, nur hilft ihm dies recht wenig. Die Technik des Hundes zu verbessern heißt, einen enormen Arbeitsaufwand auf sich zu nehmen. Wenn der Hund aber diese Technik erlernt hat, wird er diese sein Leben lang anwenden. Barren muss man immer wieder, weil man dem Tier nur vermittelt, dass es falsch ist, eine Stange zu reißen, man gleichzeitig aber dem Tier keine Chance gibt zu erlernen, wie ein Sprung richtig zu absolvieren ist.

Dafür gibt es mehrere Übungen, erst mit einem Sprung, danach auch mit zwei oder mehreren Sprüngen. Versuchen Sie dabei, ruhig zu bleiben und den Hund einfach einmal arbeiten zu lassen.

Viele Hunde haben auch Probleme damit, dass sie Stangen reißen, wenn man sie auf dem Sprung anspricht. Auch dies kann ich hier üben, indem ich ihn nicht mit »hundert Sachen« arbeiten lasse, sondern erst mal ruhig, und ihn dabei immer bewusst auf dem Sprung anspreche. So hat der Hund auch eine reelle Chance zu verstehen, was wir eigentlich von ihm wollen und dass es Priorität Nr. 1 ist, die Stange oben zu lassen.

Springen ist eine Vertrauenssache. Wenn der Hundeführer nun im Wege steht, weil er den Belgier beispielsweise nicht beendet hat, traut sich der Hund je nach dem nicht, zu springen. Er kann zum Beispiel an der Hürde vorbei laufen oder auch eine Stange reißen. Machen Sie nun in aller Ruhe folgende Übungen mit dem Hund:

Lassen Sie den Hund auf der einen Seite des Sprunges warten und positionieren Sie sich auf der anderen Seite, gemäß den Skizzen auf Seite 71. Lassen Sie auch hier wiederum den Hund mit Erfolg arbeiten. Wenn Sie dem Hund von Anfang an zu wenig Platz lassen, wird er dem Sprung ausweichen, gehen Sie in diesem Falle einen Schritt zurück und arbeiten Sie mit kleinen Lernschritten.

Bei der Übung eins stellen Sie sich etwas in die Stange rein, so dass der Hund nur einen bedingten Platz zur Verfügung hat. Bestätigen Sie den Hund mit Spielzeug oder Futter. Nun lassen Sie dem Hund immer etwas weniger Platz, so dass der Hund bis zum Schluss nur noch den Platz vom eineinhalbfachen seiner Körperbreite zur Verfügung hat. Legen Sie bei solchen Übungen erst die Stange noch tief, um dem Hund unter diesen Bedingungen das Erlernen zu vereinfachen. Legen Sie die Stange danach höher bis zur Wettkampfhöhe, wenn der Hund die vorherige Stufe erfolgreich erarbeitet hat.

Bei der Übung zwei stellen Sie sich mit der Front gegen den Hund. Viele Hunde haben Mühe auf den Hundeführer zuzuspringen. Diese Übung ist auch gut, um dem Hund das »Rum« oder »Change« (siehe Seite 71) verständlich zu machen. Wenn der Hund springt, werfen Sie das Spielzeug nach hinten. Variieren Sie immer auch die Distanz zum Sprung.

Bei der Übung drei soll der Hund mit wenig Platz auskommen und auch noch schräg über den Sprung gehen. Es braucht ein enormes Vertrauen, dass der Hund diese Art von Übung ausführt. Gehen Sie daher nicht zu schnell vorwärts. Wenn der Hund den Sprung verweigert, schimpfen Sie nicht mit ihm, gehen Sie davon aus, dass er diese Arbeit nicht kennt und beginnen Sie mit der Übung etwas einfacher.

Übung 1

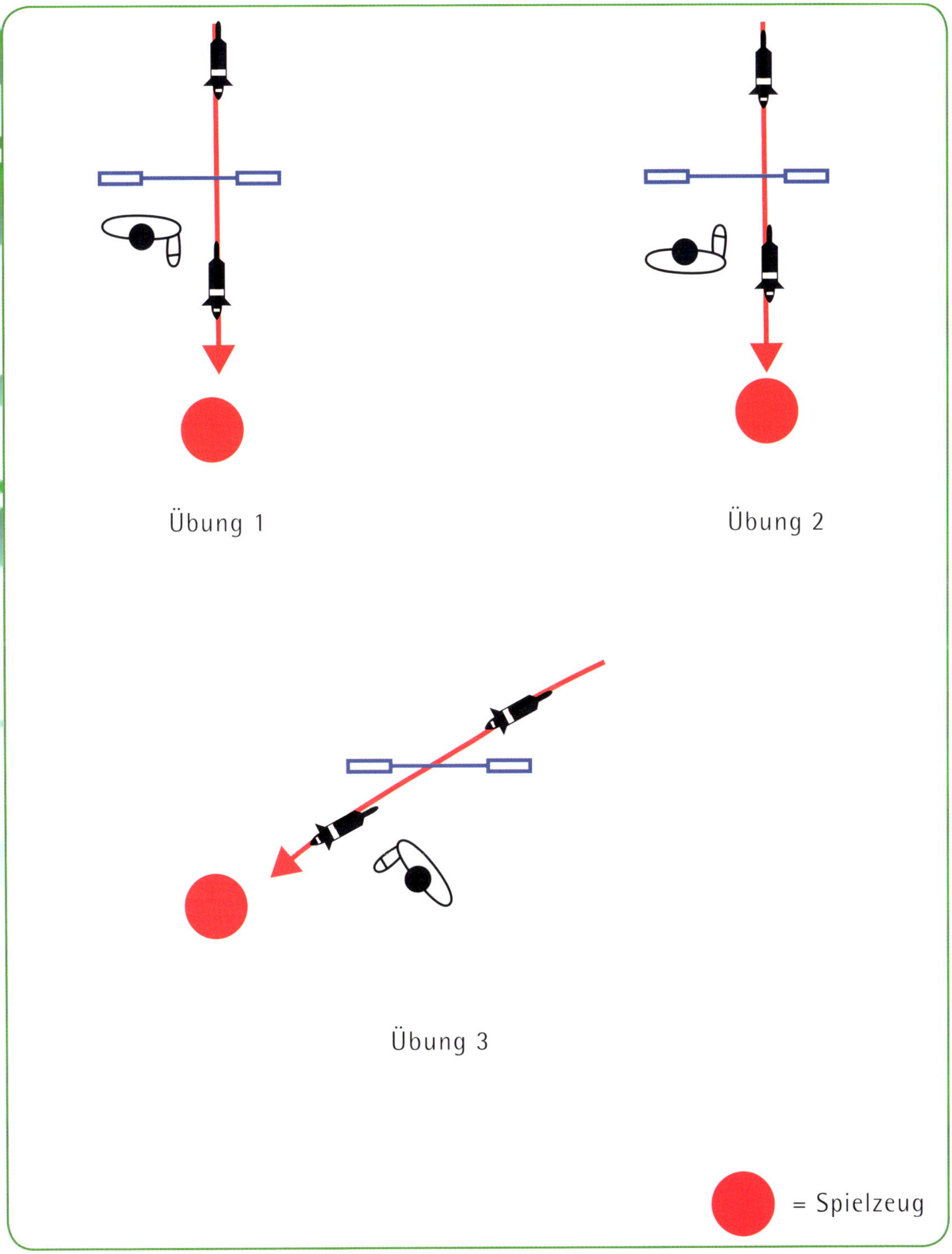

Übung 2

Übung 3

= Spielzeug

Der Hund soll lernen, nicht die ganze Länge der Stange zu benötigen.

IV. Die Arbeit an den Geräten

(nach Regula Tschanz-Haas)

 Tunnel

Der Tunnel ist ein Gerät, welches eigentlich alle Hunde mögen. Beim Anlernen nehme ich einen nicht zu langen Tunnel (ca. vier Meter), ziehe ihn gerade aus und achte darauf, dass er gut befestigt ist (er sollte nicht wegrollen, wenn der Hund durchgeht). Der Hundeführer platziert nun den Hund direkt vor dem Tunnel und hält den Hund beim ersten Mal, damit er keinen Fehler machen kann, am Halsband fest. Der Übungsleiter ist mit dem Spielzeug des Hundes am anderen Ende des Tunnels und macht den Hund durch Anrufen auf sich aufmerksam. Der Übungsleiter geht in die Hocke und ruft den Hund durch den Tunnel an. Der Hundführer zeigt nun mit seiner freien Hand auf den Tunnel, gibt dem Hund das Kommando »Tunnel« und lässt ihn in dem Moment los, in welchem der Hund die Aufmerksamkeit auf den Übungsleiter (also nach vorne) richtet. Der Hund läuft durch den Tunnel und sobald er mit der Nasenspitze rausschaut wirft der Übungsleiter das Spielzeug zur Bestätigung nach vorne (vom Tunnel weg). Das Spielzeug flach nach vorne und nicht zu weit werfen. Der Hundeführer läuft neben dem Tunnel her, lässt den Hund das Spielzeug holen, ruft seinen Hund wieder zu sich und spielt kurz mit ihm. Wir machen das Gleiche nochmals, aber der Hundeführer stellt sich beim Start nun auf die andere Seite des Hundes. Die Übungen werden immer von beiden Seiten gemacht, das heißt, einmal wird der Hund auf der rechten Seite des Hundeführers positioniert und einmal auf der linken Seite. Beim Agility ist es sehr wichtig, dass der Hund bei allen Geräten beidseitig geführt werden kann.
Der Hundeführer geht nun etwas weiter vom Tunneleingang weg, lässt den Hund warten, stellt sich seitlich daneben und schickt ihn dann mit dem Kommando »Tunnel« wieder durch den Tunnel. Die Distanz zum Tunneleingang wird nun immer weiter vergrößert. Auch die seitliche Distanz vom Hundeführer zum Hund wird variiert. Der Hund soll lernen, dass er, unabhängig von der Stelle, an der der Hundeführer steht, den Tunnel anvisieren soll.

Der Tunnel ist immer noch gerade, aber der Hundeführer beginnt jetzt Winkel einzubauen, in dem er sich seitlich zum Tunneleingang hinstellt. Achtung: nicht vergessen, auch da immer auf beiden Seiten arbeiten. Wir vergrößern die Distanz nun auch seitlich. Der Übungsleiter wirft dem Hund das Spielzeug immer in gerader Linie nach vorne. So lernt der Hund nach dem Tunnel geradeaus weiter zu laufen und sich nicht nach dem Hundeführer umzuschauen, denn er soll sich nach vorne orientieren und sich nicht nach dem Hundeführer umdrehen. Die Winkel können nun geübt werden, bis der Hundeführer beim Ausgang des Tunnels steht und den Hund rechtsrum und linksrum zum Tunneleingang senden kann. Der Hund lernt dadurch, den Tunneleingang selbstständig zu suchen und nach vorne durchzulaufen.

Test: Wir stellen den Tunnel mitten auf den Platz, stellen uns mit dem Hund in ca. zehn Meter Distanz davor (kann auch seitlich sein) und geben dem Hund das Kommando »Tunnel«.
Wenn der Hund selbständig losläuft und durch den Tunnel saust, wissen wir, dass unser Hund jetzt weiß, was ein Tunnel ist. Unsere Freude ist groß, was wir auch mit Jubel und Lob kundtun.

Wir beginnen nun den Tunnel langsam zu biegen. Ab jetzt arbeite ich gerne mit längeren Tunnels (ca. sechs Meter). Der Tunnel wird stetig weiter gebogen, bis er schlussendlich in einer U-Form dasteht. Der Hund

Der Hund soll auch versteckte Eingänge suchen.

wird auch da immer abwechslungsweise rechts und links reingeschickt. Der Hundführer kann auch mal auf der äußeren Seite entlang laufen (das heißt auf der Bogenseite, nicht auf der Eingangseite). Nun werden Wechsel hinter dem Hund eingebaut. Hund linksgeführt reinschicken und rechtsgeführt beim Tunnelausgang aufnehmen. Hund rechtsgeführt reinschicken und linksgeführt beim Tunnelausgang aufnehmen.

Jetzt soll der Hund lernen, nach dem Tunnel nicht immer geradeaus weiter zu laufen. Wir werfen ihm also den Ball nicht immer nach vorne, sondern der

Hundeführer behält ihn in der Hand und ruft den Hund beim Herauslaufen gleich zu sich und spielt mit dem Hund. Damit der Hund beim Ausgang sofort eindreht und nicht wie bis anhin gelernt, geradeaus rausschießt, ruft der Hundführer ihn noch, wenn er im Tunnel ist mit dem Kopf zur Seite gedreht, in Richtung des Tunneleingang.

Der Hund realisiert sofort, dass die Stimme seines Hundeführers in eine andere Richtung hallt und dreht sich so viel schneller zum Hundeführer hin. Der Hundeführer kann dabei gleich die Richtungskommandos einbauen.

Sacktunnel

Der Eingang des Sacks ist dem Tunnel sehr ähnlich. Der Hund muss aber lernen durch den zweiten Teil des Sackes durchzuschlüpfen. Er muss sich den Ausgang alleine suchen und das auch noch im Dunkeln. Je schneller also der Hund durch den Sack läuft, umso schneller sieht er wieder was. Wichtig ist, dass der Hund lernt, gerade durch den Sack zu laufen und sich nicht mit dem Tuch abzudrehen.

Der Hundeführer platziert den Hund direkt vor dem Sackeingang und hält den Hund am Halsband fest. Der Übungsleiter ist mit dem Spielzeug des Hundes am an-

deren Ende des Sackes, hebt das Tuch so weit wie möglich auf und macht den Hund durch Anrufen durch den Stoffteil auf sich aufmerksam. Der Hundeführer zeigt mit seiner freien Hand auf den Sack, gibt dem Hund das Kommando »Sack« und lässt ihn in dem Moment los, in welchem der Hund die Aufmerksamkeit auf den Übungsleiter (also nach vorne) richtet. Der Hund läuft durch und sobald er mit der Nasenspitze rausschaut, wirft der Übungsleiter das Spielzeug zur Bestätigung nach vorne. Das Spielzeug flach nach vorne und nicht zu weit werfen. Der Hundeführer läuft neben dem Sack her, lässt den Hund das Spielzeug holen, ruft ihn wieder zu sich und spielt kurz mit ihm. Wir wiederholen das Ganze einige Male mit jeweiligem Seitenwechsel des Hundeführers, sowie mit einer Vergrößerung der Distanz zum Sackeingang. Der Übungsleiter hebt nun das Tuch bei jedem Durchlaufen ein bisschen weniger hoch, bis der Stoffteil flach auf dem Boden liegt und der Hund selbständig und schnell durchläuft. Nun versuchen wir den Hund wieder aus verschiedenen Winkeln in den Sack zu schicken. Genau wie beim Tunnel arbeiten wir uns an beiden Seiten nach vorne, bis wir den Hund auch vom Sackausgang in den Sack senden können.

Wenn der Hund den Sack seitlich anläuft, besteht die Gefahr, dass er nicht mehr gerade durch den Stoffteil durchläuft, sondern sich mit dem Stoffteil gegen den Hundeführer hindreht. Damit das nicht passieren kann, muss der Hund lernen, dass er auch geradeaus laufen soll, wenn er seitlich in den Sack rein rennt. Dazu stelle ich mich als Übungsleiter ans seitliche Ende des Stoff-teiles, gehe in die Hocke und halte den Stoffteil am Ende des Sacks mit beiden Händen fest. Der Hund spürt so sofort den Widerstand und läuft geradeaus weiter.

Achtung: Der Übungsleiter darf sich nicht hinter den Ausgang und nicht auf die Seite wo der Hundeführer läuft stellen, sonst könnte es passieren, dass der Hund ihm in die Beine rennt. Also, wenn der Hundeführer mit dem Hund auf der rechten Seite läuft, platziere ich mich als Übungsleiter auf der linken Seite am Ende des Stoffteiles.

Mauer

Die Mauer wird angelernt wie der Sprung. Da der Hundeführer aber durch die Seitenteile der Mauer beim Anlaufen einen Moment lang für den Hund hinter den Seitenteilen verschwindet, ist es im Aufbau sehr wichtig, dass der Hund vom Übungsleiter immer an-gezogen, das heißt mit dem Spielzeug gelockt wird. Ab und zu gibt es Hunde, die auf der Mauer abstehen, was dann oft zur Folge hat, dass ein Mauerteil runterfällt.

Um das zu unterbinden stelle ich ganz einfach einen Sprung ganz dicht vor die Mauer. Der Hund hat nun optisch eine Sicht, die er bereits schon kennt und springt dadurch über die Mauer. Später stelle ich den Sprung dicht nach der Mauer bis ich ihn schließlich ganz weglasse. Wird die Mauer auf niedriger Höhe sauber gesprungen, arbeiten wir uns dann auch in der Höhe nach oben.

Sprung

Der Hundeführer setzt den Hund vor den Sprung und stellt sich in seitlicher Distanz neben den Hund. Der Hundeführer soll so stehen, dass er geradeaus an den Sprungflügeln vorbeilaufen kann. Wenn er zu weit im Sprung steht, muss er um den Sprungflügel laufen und zieht seinen Hund dadurch vom Sprung weg.

Der Übungsleiter steht auf der gegenüberliegenden Seite des Sprunges und hält das Spielzeug des Hundes bereit. Der Hundeführer gibt nun das Kommando »vor Sprung« und läuft mit dem Hund los. Gleichzeitig mit dem Kommando des Hundeführers ruft der Übungsleiter den Hund mit dem Namen an. Der Hund springt nach vorne und bekommt da sein Spielzeug geworfen. Diese Übung mache ich abwechselnd auf beiden Seiten

geführt und mit immer größerer Distanz zum Sprung hin. Auch die seitliche Distanz des Hundeführers zum Hund kann konsequent vergrößert werden. Hier ist es wichtig, dass der Hund, egal wo der Hundeführer steht in direkter Linie nach vorne arbeitet. Deshalb stehe ich als Übungsleiter immer auf der Lauflinie des Hundes hinter dem Sprung. Wir stellen nun einen zweiten Sprung dazu und der Übungsleiter stellt sich hinter den zweiten Sprung, um den Hund mit dem Spielzeug anzuziehen. Nach und nach stellen wir immer mehr Sprünge in die Reihe. Der Abstand zwischen zwei Sprüngen ist zu Anfang ca. vier Meter und wird konstant vergrößert, bis wir bei sieben bis acht Meter sind. Wenn der Hund die Sprünge sauber anzieht und gerade nach vorne läuft, beginnen wir langsam die Stangen nach oben zu arbeiten. Meine Grundregel ist pro Monat fünf Zentimeter höher. Auf der Sprungreihe arbeiten wir in jedem Training. Dabei werden dem Hund immer wieder verschiedene Varianten hingestellt. Das heißt, die Stangen liegen auf verschiedenen Höhen, die Abstände zwischen zwei Sprüngen sind verschieden groß, oder ich stelle mal einen oder zwei Sprünge schief in die Reihe. Man kann auch mal einen geschlossenen Sprung hinstellen oder falls man das nicht hat, ganz einfach eine Decke über eine Stange legen. Als Übungsleiter stelle ich mich nun auch mal so hin, dass ich den Hund seitlich beim Arbeiten beobachten kann. Streckt er beim Sprung die Vorderläufe nach vorne aus und die Hinterläufe nach hinten, stelle ich fest, dass er sauber und voll Vertrauen springt. Zieht er die Hinterläufe unter den Bauch werden die Stangen wieder weiter unten aufgelegt, damit der Hund nicht zu viel Energie braucht, um in die Höhe zu kommen, und durch die niedrigere Höhe mehr Zeit hat, um sich zu strecken.

Wichtig ist auch, dass der Hund nicht auf unser Kommando springt. Stelle ich als Übungsleiter fest, dass der Hund im Moment abspringt, in welchem der Hundeführer das Kommando gibt, darf der Hundeführer nur noch neben den Sprüngen her rennen und durch seine Körperbewegung und durch Zeigen mit der Hand die Richtung angeben. Der Hund lernt dadurch selbst seinen Absprungpunkt zu suchen, was enorm wichtig ist. Hunde, die ihren Absprungpunkt selbst suchen, werfen auch dann keine Stangen, wenn der Hundeführer in Bewegung ist oder sie auf dem Sprung anruft.

Bei Übungen außerhalb der Sprungreihe wird nun auch mal ein kleiner Winkel ca. 45° eingebaut. Die Winkel werden nach und nach vergrößert. Auch das natürlich wieder nach links und nach rechts. Arbeite ich mit Winkeln, lege ich die Stangen wieder tiefer, als der Hund sie auf den Sprungreihen gewohnt ist. Bei technischen Übungen soll der Hund genug Zeit haben, um seinen Körper auf die Biegung vorbereiten zu können. Ist er sicher in der Biegung, wird wieder in die Höhe gearbeitet.

Nun können wir beliebige Sprungkombinationen mit verschiedenen Winkeln stellen. Der Hund soll Sprünge auch schief anlaufen, damit er lernt seitlich zu springen. Er soll vor dem Hundeführer über den Sprung geschickt werden, und auch gegen den Hundeführer über den Sprung gerufen werden.

Wichtig: Lasst die Hunde möglichst nach jedem Training eine Sprungreihe machen, damit sie sich wieder lösen können, sei es nach einem schwierigen technischen Training oder einfach nur um das »Voran« immer wieder zu vertiefen.

Doppelsprung

Immer wieder stelle ich fest, dass Hunde die bereits Wettkämpfe bestreiten, noch nie einen Doppelsprung gesehen haben. Steht dann in den oberen Klassen mal ein solcher im Parcours, ist es für Hund und Hundeführer ungewohnt. Ich finde es wichtig, dass der Hund bereits im Aufbau den Doppelsprung erlernt. Dazu nimmt man ganz einfach zwei Sprünge und stellt sie dicht nacheinander auf. Die hintere Stange soll dabei ca. fünf Zentimeter höher liegen als die vordere. Nach und nach arbeiten wir uns auch da in die Höhe und in die Tiefe. Stelle ich die Sprünge etwas höher, lasse ich die Distanz zwischen den zwei Sprüngen geringer. Arbeite ich an der Distanz der beiden Sprünge, bleiben die Stangen wieder etwas tiefer. Auch die Höhendistanz der zwei Stangen sollen variiert werden. Wir beginnen mit fünf Zentimeter und arbeiten uns hoch bis 20 Zentimeter.

Achtung: die erste Stange ist immer die tiefere. Für den Doppelsprung brauche ich kein besonderes Kommando. Ich benütze bei allen meinen Hunden das gleiche Kommando wie bei einem normalen Sprung.

Lernt der Hund den Doppelsprung bereits im Aufbau kennen, kann er von Beginn an lernen, auch diesen Sprung richtig einzuschätzen.

Anmerkung Alex: Beim Springreiten wird ein Oxer oder ein Steilsprung völlig verschieden angegangen. Deshalb erhalten alle meine Hunde ein Kommando »Hoch« für den Doppelsprung, damit sie sich auf diesen Sprung einstellen können. Hunde, die sehr knapp über die Stange fliegen, haben die Reserve nicht, den Doppelsprung einfach im Vorbeilaufen zu absolvieren. Jamie hatte früher riesige Probleme mit dem Doppelsprung. Seit sie aber das Kommando kennt, kann sie sich auf ein anderes Springverhalten einstellen und die Stangen bleiben seither oben.

Beobachten Sie Ihren Hund und entscheiden Sie, welche Variante für ihn die richtige ist.

»Oh-Oh« ...

Weitsprung

Beim Weitsprung muss der Hund, wie der Name schon sagt, in die Weite springen und nicht wie beim normalen Sprung, in die Höhe. Die vier Seitenpfosten dienen dem Hund dazu, den Weitsprung einschätzen zu können. Zum Anlernen nehme ich nur ein Weitsprungteil und die Seitenstangen. Der Hund wird ca. einen Meter vor das Weitsprungteil gesetzt, vom Trainer auf der gegenüberliegenden Seite angelockt und mit dem Kommando des Hundeführers über den Weitsprung geschickt. Als Kommando kann ich ein »Weit« oder ein »Vor« geben. Da für den Hund das Kommando »Weit« noch unbekannt ist, er das »Vor« aber bereits schon kennt, gebe ich als Kommando zu Anfang ein »Vor-Weit«. Später kann ich das »Vor« einfach weglassen, da mein Hund ja durch die Übung gelernt hat, was mit dem Kommando »Weit« gemeint ist.

Nach und nach wird nun ein zweites, drittes und viertes Teil beim Weitsprung beigefügt.

Zu Anfang lege ich die Teile nahe nebeneinander, doch mit der Zeit werden sie immer weiter auseinander gelegt, bis schließlich die Sprungweite gemäß Reglement erreicht ist (small 60 cm, medium 90 cm und large 150 cm).

Sollte der Hund auf den Weitsprungteilen mit dem Fuß aufsetzen, stelle ich einen Sprung zwischen zwei Weitsprungteile. Der Hund hat nun eher die Optik eines Sprunges, was er bereits schon kennt. Wir üben den Weitsprung nun mit dem Sprung, nehmen dann irgendwann die Stange weg und lassen nur noch die Seitenteile einen Moment stehen. Nach zwei drei Übungen nehmen wir dann auch die Seitenteile weg. Es ist ratsam, den Weitsprung bereits im Aufbau auch aus verschiedenen Winkeln/Seiten zu üben, denn auch während eines Parcours kommt der Hund nicht immer in gerader Linie auf den Weitsprung. Auch lernt er dann sehr schnell mit der Weite seines Sprunges zu jonglieren, denn wenn er schief über den Weitsprung kommt, ist er länger in der Luft.

Wenn der Hund den Weitsprung beherrscht, rufe ich ihn auch mal über das Gerät ab oder sende ihn über das Gerät ohne mitzulaufen. Der Hund soll lernen, auch beim Gegen mich springen, sowie beim Zurückbleiben des Hundeführers seinen Körper vertrauensvoll zu strecken und ihn fliegen zu lassen.

Reifen oder Pneu

Für das Anlernen des Reifens benütze ich am liebsten einen »Lollipop«. Das ist ein Reifen ohne Rahmen. Der Hund lernt dabei sich auf das Zentrum des Reifens zu konzentrieren und hat später auch keine Mühe mit dem Reifen, wenn der Rahmen kleiner oder größer ist. Wir setzen den Hund beim ersten Mal ganz nahe an den Reifen, der je nach Hundegröße eingestellt ist. Beim ersten Mal sollte der Hund nur durch den Reifen durchlaufen müssen. Also die Höhe so einstellen, dass noch kein Springen verlangt wird. Der Hundeführer lässt den Hund vor dem Reifen warten und geht auf die andere Seite des Reifens.

Achtung: Stehen Sie nicht frontal vor den Reifen bzw. vor den Hund, sondern etwas seitlich versetzt, damit der Hund auch Platz zum Durchgehen hat. Der Hundeführer lockt den Hund nun mit dem Kommando

»Reifen« durch das Gerät. Die Hand des Hundeführers zeigt dabei durch den Reifen und zieht den Hund wie an einer unsichtbaren Leine durch die Öffnung. Falls der Hund neben dem Gerät durchlaufen will, halte ich ihn als Übungsleiter am Halsband und lasse ihn erst los, wenn ich merke, dass er sich auf die Hand des Hundeführers konzentriert und durch den Reifen nach vorne zieht. Wenn das ein paar Mal geklappt hat, stellt sich der Hundeführer auf die Seite des Hundes und startet mit ihm. Der Übungsleiter übernimmt nun das Anziehen (bzw. das Locken) des Hundes. Wir arbeiten uns jetzt langsam in die Höhe und machen die Übungen wie immer rechts und links geführt.

Vorsicht: Der Übungsleiter soll genau beobachten, wie der Hund springt. Der Hund sollte durch das Zentrum des Reifens springen. Auch bei relativ unerfahrenen Hunden empfiehlt es sich manchmal beim Reifen schneller in die Höhe zu arbeiten, damit der Hund sich am Rücken nicht verletzt.

Sobald der Hund den Reifen gut anvisiert, lernen wir auch gleich das Anlaufen des Reifens aus verschiedenen Winkeln sowie das Abrufen durch den Reifen. Die Distanz vom Hund zum Reifen wird immer vergrößert, bis der Hund aus ca. zehn Meter Entfernung den Reifen anvisiert und sauber springt. Nun stelle ich den Hunden oft verschiedene Reifen hin. Einen »Lollipop«, ein schmaler Rahmen und ein breiter Rahmen. Manchmal stelle ich die drei gleich hintereinander hin (Abstand von einem zum anderen mindestens fünf Meter), damit der Hund sich sehr schnell wieder orientieren muss, um das Zentrum erneut und aus einer anderen Optik zu finden.

Meine Erfahrung hat mich gelehrt, dass es Hunde gibt, denen es nichts ausmacht, wenn man den Reifen auch als Sprung ansagt. Einer meiner Hunde braucht allerdings das Kommando »Reifen« bei diesem Gerät, damit er es auch als Reifen erkennt. Diese Eigenheit habe ich auch schon bei anderen Hunden festgestellt. Bei Hunden, die auf Geräteerkennung aufgebaut werden, ist es natürlich wichtig, dass sie für jedes Gerät ein eigenes Kommando lernen.

Der Tisch

Der Tisch wird heute an einem Turnier nicht mehr oft eingesetzt. Trotzdem muss er natürlich geübt werden. Wir stellen den Tisch auf die unterste Stufe, der Hund wird vor den Tisch gesetzt, der Hundeführer stellt sich auf die gegenüberliegende Seite, beugt sich über den Tisch dem Hund entgegen und lockt ihn mit Futter oder einem Spielzeug auf den Tisch. Ist der Hund hochgesprungen, wird er gelobt und bekommt ein Stück Futter. Wer mit dem Spielzeug arbeitet, kann mit dem Hund auf dem Tisch spielen.

Obwohl keine Position mehr verlangt wird, können wir trotzdem das Steh, Sitz oder Platz auf dem Tisch gleich üben. Ebenfalls das Warten wird geübt. Der Hundeführer läuft um den Tisch herum oder vom Tisch weg und der Hund bleibt immer in der vorher gewünschten Position.

Um den Tisch zu üben, brauche ich nicht zwingend einen Tisch. Bei einem Spaziergang trifft man regelmäßig auf einen Baumstrunk oder einen großen Stein. Auf diese kann man den Hund mit dem gleichen Kommando wie beim Tisch schicken. Meine Spaziergänge kreuzen oft einen Vita-Parcours. Da findet man an etlichen Posten Übungsobjekte.

Slalom

Beim Aufbau des Slaloms ist es wichtig, dass der Hund von Anfang an Tempo macht und die zwölf Stangen des Slaloms als ein Gerät erkennt. Das heißt, der Slalom beginnt bei der ersten Stange und endet bei der letzten Stange. Dazwischen soll der Hund sich so schnell wie möglich nach vorne bewegen. Wir trainieren mit dem Gassenslalom und den Bögen (siehe Bild Seite 83).

Wir stellen die beiden Slalomteile so hin, dass die Distanz dazwischen ca. einen Meter beträgt. Die Bögen werden etwa auf Schulterhöhe des Hundes an den Slalom fixiert. Der Hund wird hingesetzt und der Hundeführer geht durch die Gasse ans Ende des Slaloms. Der Hund wird vom Hundeführer nun mit dem Kommando »Slalom« zu sich gerufen. Der Hundeführer lockt den Hund mit dem Spielzeug oder mit etwas Futter zu sich. Er bewegt sich dabei rückwärts vom Slalomausgang weg und motiviert so den Hund möglichst schnell durch die Gasse zum Hundeführer zu laufen. Sobald der Hund die Gasse durchlaufen hat, wirft der Hundeführer das Spielzeug weiter in Laufrichtung des Hundes. Es wird kurz mit dem Hund gespielt. Der Hund wird anschließend wieder vor die Gasse gesetzt. Nun läuft der Hundeführer abwechselnd rechts oder links neben dem Slalom mit, und der Hund wird vom Übungsleiter am Ende der Gasse »angezogen« und zu einem möglichst schnellen

Durchlaufen angespornt. Wichtig dabei ist, dass der Hund seinen Blick von Anfang an nach vorne richtet und sich nicht nach seinem Hundeführer umdreht. Also muss die Belohnung am Ende der Gasse groß sein. Die meisten Hunde reagieren gut, wenn man sie mit ihrem Lieblingsspielzeug anlockt und das dann wirft, wenn sie den Slalom beendet haben. Hunde die weniger interessiert an Spielzeug sind, kann man mit einem besonders guten Leckerli, zum Beispiel Leberwurst ködern. Wichtig ist, dass der Hund immer nur belohnt wird, wenn er das Gerät korrekt absolviert hat. Hunde die außerhalb der Gasse durchrennen, um möglichst schnell an ihre Belohnung zu kommen, lernen so sehr schnell, dass es keine Belohnung für das Umgehen des Gerätes oder

für das Unterlaufen der Hilfsbögen gibt. Die Gasse wird nun bei jedem Durchlaufen ein bisschen enger zusammengeschoben, bis der Hund bereits links und rechts mit den Hüften die Stangen leicht berührt. Auf dieser Position bleiben wir nun etwas länger.

Wir üben, die Slalomeingänge aus verschiedenen Winkeln zu suchen. Dann als weiterer Schritt den Hund im Slalom zu überholen und, während der Hund durchläuft, auf die andere Seite rüber zu wechseln, sowie ein rasantes Tempo beizubehalten, auch wenn der Übungsleiter oder eine Hilfsperson in der Gegenrichtung am Slalom vorbei rennen. Sobald der Hund den Eingang ohne unsere Hilfe aus allen möglichen Positionen selbstständig findet, einfädelt und ans Ende der Gasse läuft, schieben wir die beiden Slalomteile bei jedem Durchlaufen um ein paar Zentimeter näher zusammen. Der Übungsleiter motiviert den Hund beim Slalomende nach wie vor zu einem rasanten Nach-vorne-laufen. Der Hundeführer kann den Hund mit der Stimme anfeuern. Wir schieben nun die Slalomteile immer enger und enger zusammen.

Achtung: Diese Vorgänge passieren während mehreren Lektionen. Pro Lektion den Hund höchstens fünf mal linksgeführt und fünf mal rechtsgeführt den Slalom machen lassen. Das ist vor allem dann wichtig, wenn die beiden Slalomteile so nahe aneinander stehen, dass der Hund sich biegen muss. Der Slalom wird aber während dem Aufbau in jeder Lektion eingesetzt. Das heißt, der Hund übt mindestens einmal pro Woche den Slalom. Nun schieben wir die Teile immer enger und enger aneinander, üben dabei regelmäßig verschiedene Winkel und verschiedene Positionen des Hundeführers. Wen die beiden Teile satt aneinander sind und der Hund alle möglichen Eingänge selbstständig sucht, steigen wir um auf den normalen Slalom. Die Hilfsbögen werden nun an diesem Slalom angebracht. Wir lassen den Hund ein bis zweimal durch den Slalom laufen, ohne ihn besonders stark voranzutreiben, damit er sich wieder der neuen Situation anpassen kann.

Nun werden die Hilfsbögen während jeder Lektion Zentimeter um Zentimeter nach oben geschoben, bis die Bögen schließlich an der obersten Kante der Stangen

sind und der Hund gekonnt unten durchläuft. Ab jetzt nehmen wir von der Mitte her nach links und rechts außen bei jedem Durchgang einen Bogen mehr weg, bis schließlich keine Bögen mehr am Slalom sind und der Hund trotzdem sicher durchläuft.

Nun haben wir einen Hund, der selbstständig und sicher aus allen Winkeln den Eingang findet und in einem rasanten Tempo bis ans Ende des Slaloms durchläuft.

Nun bauen wir auch noch einige Ablenkungen ein. Zum Beispiel:

▶ zwei Hilfspersonen spielen Ball über den Slalom hinweg während der Hund den Slalom machen muss,

▶ wir legen einige Dinge wie Spielzeug, Ball, ein Stück Wurst oder ein sich bewegendes Batterie betriebenes Spielzeug am Slalom entlang hin,

▶ eine Hilfsperson durchquert den Slalom während der Hund durchläuft,

▶ der Hundeführer strauchelt absichtlich während er am Slalom entlang rennt,

▶ der Hundeführer läuft neben dem Hund her und lässt das Spielzeug absichtlich runterfallen,

▶ während der Hund durchläuft, wird einem anderen Hund das Spielzeug in Richtung des Slaloms geworfen.

Wippe

Beim Aufbau der Wippe ist es wichtig, dass der Hund von Anfang an lernt, freudig nach vorne zu arbeiten. Er soll noch keinen Kipp-Punkt suchen und durch das Kippen der Wippe nicht erschreckt werden. Wir stellen deshalb das Seitenteil eines Sprunges unter den Abgang der Wippe und fixieren es, damit die Wippe völlig blockiert wird. Die Wippe wird auch mit Sandsäcken befestigt, damit sie sich beim Runterkippen nicht verschiebt. Der Hund wird vom Hundeführer an der Leine auf die Wippe geführt. Der Übungsleiter steht am Ende der Wippe und lockt den Hund mit Futter hoch bis auf die äußerste Kante. Der Hund kriegt das Futter erst, wenn er mit den Vorderpfoten ganz vorne steht. Wir lassen ihn zwei drei Sekunden dort stehen, wobei er gefüttert und gelobt wird. Das Ende der Wippe soll für ihn ein möglichst positiver Punkt werden. Der Hund wird nun vom Hundeführer von der Wippe gehoben und auf den Boden gestellt. Wir machen die Übung gleich noch mal auf der anderen Seite geführt. Die Übung wiederholen wir, bis der Hund freudig und mit Schwung vom Wippenaufgang nach oben zum Übungsleiter läuft. Sobald der Hund uns das Gewünschte zeigt, wird der Sprungflügel unter dem Wippenabgang entfernt. Der Hund wird nun wieder vom Hundeführer an der Leine auf die Wippe geführt. Der Übungsleiter lockt ihn zu sich und hält die Wippe fest, damit sie nicht kippen kann. Wenn der Hund an der Kante vorne angelangt ist, kriegt er Futter. Unter ständiger Verabreichung von Futter und motivierender Stimme des Hundeführers und Übungsleiters wird die Wippe nun langsam gesenkt, bis sie auf dem Boden aufkommt. Bei einem schwereren Hund kann eine Hilfsperson die Wippe am Aufgang abfangen, damit der Übungsleiter nicht das ganze Gewicht tragen muss. Nun ist der Hund bereits so auf die Vorderkante der Wippe fixiert, dass wir ihn ohne Leine arbeiten lassen.

Die Unterstützung durch die Hilfsperson wird langsam abgebaut.

Der Übungsleiter lässt die Wippe nun immer früher runter, ohne sie jedoch unten aufschlagen zu lassen. Durch die Bewegung beim Rauflaufen beginnt der Hund nun automatisch, seinen Kipppunkt zu suchen. Der Hundeführer kann nun bereits mit mehr Anlauf auf die Wippe zulaufen, sowie Wechsel aufbauen. Der Übungsleiter steht nach wie vor immer am Abgang der Wippe und ist dafür verantwortlich, dass sie nicht runterknallt. Die Position des Hundes auf der Wippe ist ein »Steh« oder ein »Platz«, je nach dem, was er uns anbietet. Größere Hunde verlieren zu viel Zeit, wenn sie Platz machen müssen. Hütehunde bieten oft von selbst ein Platz an, da sie sich in dieser Position sehr gut ausbalancieren können. Wichtig ist aber, dass der Hund lernt, mit allen vier Pfoten auf der Wippe zu bleiben, bis sie ganz auf dem Boden ist.

Achtung: Keine Position erst nach der Wippe verlangen. Wenn der Hund mal zu nahe an der Wippe steht, und diese bereits wieder zurück in ihre Grundposition kippt, könnte er am Hinterteil geschubst werden, was dann oft ein panikartiges Verlassen der Wippe nach sich zieht. Wir üben bereits in der Aufbauphase die Wechsel hinter der Wippe, sowie nach der Wippe. Der Hund soll lernen, die Wippe erst auf ein Kommando vom Hundeführer zu verlassen. Wenn der Hund sich sicher auf der Wippe ausbalanciert, seinen eigenen Kipppunkt sucht und am Ende wartet, kann der Übungsleiter die Wippe noch einige Lektionen beim Aufgang festhalten, damit sie nicht runterknallt. Sobald der Übungsleiter sicher ist, dass der Hund die Wippe selbstständig bewältigen kann, braucht er nicht mehr zu helfen.

Es empfiehlt sich, bei Hunden die eher ängstlich, sind die Wippe am Ende jeder Lektion wieder durch den Übungsleiter fixieren zu lassen und den Hund zwei drei Male mit Futter hochzuziehen. So geht der Hund nach jedem Training mit einer positiven Erfahrung für die Wippe nach Hause.

Die Wippe steht bei uns nie ungesichert auf dem Platz. Das heißt, wenn wir die Wippe für das Training nicht gebrauchen, sie aber trotzdem auf dem Platz steht, wird sie mit einem Sprungflügel blockiert, damit sie nicht runterkippen kann. Rennt nun ein Hund ohne unseren Befehl auf die Wippe, kann er nicht unerwartet runterkippen und sich erschrecken. Ein unbeaufsichtigtes Laufen über die Wippe hat oft zur Folge, dass wir über Monate wieder am Aufbau der Wippe arbeiten müssen, weil sich der Hund durch das plötzliche Wegkippen fürchterlich erschrocken hat.

Laufsteg

In den ersten zwei bis drei Aufbautrainings stellen wir den Hund nur auf den Laufstegabgang. Zwei Pfoten sind noch auf dem Laufsteg und zwei Pfoten sind bereits auf dem Boden nach dem Laufsteg. Wir geben ihm dabei ein beruhigendes »Steh«. Warum zwei Pfoten darauf und zwei Pfoten bereits dahinter? So kann der Hund sich merken, wann das Gerät zu Ende ist. Egal was für ein Untergrund nach dem Gerät kommt. Er kann erkennen, dass er das Ende des Hindernisses erreicht hat, wenn er mit zwei Pfoten auf anderem Grundmaterial steht, als er vom Laufsteg gewöhnt ist. Wir stellen den Hund also ans Ende des Stegabganges, das Target auf dem Boden vor ihm, füttern ihn und lassen ihn warten. Wir legen ihm ein Stück Futter nach dem anderen vor ihn auf den Boden. Wenn er nur unsere Hand anstatt das Target auf dem Boden anschaut, werfen wir ihm das Futter ganz einfach vor die Füße, so dass er aber immer in seiner Position stehen bleiben kann und nicht dem Futter hinterherlaufen muss. Der Hundeführer bewegt sich dabei vom Steg weg, zum Steg hin, nach hinten weg, seitlich weg. Wenn der Hund sich entspannt und schön stehen

bleibt, stellt sich der Hundeführer auf seine Seite, gibt ihm ein Auflösekommando wie zum Beispiel »Gut«, läuft mit dem Hund ein paar Schritte vom Laufsteg weg, lobt ihn und gibt ihm da noch ein Stück Futter aus der Hand. So lernt der Hund, dass es auch vom Hundeführer noch Futter gibt und bleibt somit nicht beim Abgang stehen, um Futter zu suchen.

Wenn das unten am Steg gut klappt, heben wir den Hund etwas höher auf dem Laufsteg, lassen ihn zum Ende runterlaufen und wiederholen die Abgangs-Warte-Übung. Wir heben ihn nun wieder hoch und wiederholen die Übung x-mal. Jetzt weiß der Hund bereits, dass er am Abgang warten soll, und dass ihn dort Futter erwartet. Wir begeben uns mit dem angeleinten Hund zum Aufgang des Steges und führen ihn an der Leine über den Steg. Der Hund der nun ja weiß, dass am Abgang ein Stück Futter auf ihn wartet, wird so schnell wie möglich auf die Abgangsseite des Laufsteges laufen und dort sein Futter aufnehmen. Sobald wir merken, dass der Hund sich zielstrebig vom Aufgang zum Abgang bewegt, lassen wir ihn ohne Leine über den Laufsteg rennen. Der Hundeführer läuft abwechselnd rechts oder links mit, und der Übungsleiter wartet auf der Abgangsseite, damit er eventuell Hilfestellung geben könnte, falls der Hund zurück zum Hundeführer schaut und nicht nach vorne zur Belohnung. Um dem Hund das sichere Stehen auf der schmalen Laufstegblanke zu erleichtern, stellen wir ihm links und rechts vom Abgang je ein Seitenteil eines Sprunges hin. So läuft der Hund wie in einen Kanal und kann sich besser ausbalancieren. Der Hund wird jedes Mal durch Futter auf dem Target am Boden belohnt, mit dem Kommando »Steh-Warten« angehalten, und mit einem Auflösekommando zum Weiterlaufen bewogen.

Wenn wir nun feststellen, dass der Hund am Ende des Abgangs ruhig steht, sich entspannt und sich auf den Hundeführer konzentriert, beginnen wir das Target abzubauen. Wir nehmen immer ein kleineres Target und lassen es am Ende ganz weg. Beim weiteren Training variieren wir jeweils. Einmal liegt Futter, einmal liegt keins. Der Hund darf nun auf unser Kommando auch mal durchlaufen ohne anzuhalten. Wichtig ist aber, dass er beim letzten Durchgang im jeweiligen Training wieder warten muss und auch Futter kriegt. So geht er immer mit einem sauberen Abgang vom Platz. Meine Hunde kriegen auch noch Futter vom Target, wenn sie bereits in A3 laufen. So wird der Bewegungsablauf vom Hund immer wieder gefestigt. Mit den Positionen beim Steg halte ich es wie bei der Wippe. Der Hund kann stehen oder liegen. Ich übernehme von ihm die Position, die er mir freiwillig anbie-

tet. Und wie finde ich raus, welche Position mir der Hund anbietet? Beobachten Sie ihn auf dem Spaziergang, und wenn er mit anderen Hunden rumtollt, dann werden Sie es erkennen.

Wand

Die Wand wird nicht speziell geübt. Sobald der Hund mir zeigt, dass er den Laufsteg selbstständig und sauber arbeiten kann, beginne ich auch mit der Wand. Die Wand stelle ich bei den ersten paar Übungen ungefähr auf einen Meter fünfzig, gehe dann aber sehr schnell schon auf die Small/Medium Höhe von einem Meter siebzig. Da der Hund beim Laufsteg gelernt hat, sich auf einer schmalen Planke von A nach B zu bewegen und dort anzuhalten bis er ein Auflösekommando kriegt, wird er die Wand in der Mitte hoch laufen, in der Mitte runterlaufen und sich auf das unten bereitgestellte Target konzentrieren.

V. Wettkampftraining

Nun geht es also daran, die Geräte zusammenzusetzen. Machen Sie erst kleine Kurven und steigern Sie dann den Winkel. Generell gilt, dass, wenn die Übung schwierig ist, nur wenige Geräte gemacht werden und die Sprünge eventuell unterhalb der normalen Sprunghöhe absolviert werden. Machen Sie mit jungen Hunden oft die gleiche Übung und hängen Sie immer wieder ein Gerät mit an.

> **Mit** *fortgeschrittenem Stadium geht es vor allem darum, nicht einfach den Parcours irgendwie hinzukriegen, sondern den Hund auf seiner idealen Linie zu führen. Jeder Hund hat eine gewisse Arbeitsdistanz. Diese kann verändert werden, aber die natürliche Distanz ist dem Hund am Wichtigsten, in dieser wird er auch am schnellsten laufen und am wenigsten Fehler begehen.*

 ### Kommunikationshilfen

Sie als Hundeführer haben nun die folgenden Möglichkeiten, ihrem Hund zu zeigen, welchen Weg er einzuschlagen hat:

Füße
Wenn Sie nur die Schultern drehen, ist das den Hunden Wurst. Dies gilt nicht nur für kleine Hunde. Es ist auch für einen Large-Hund viel einfacher, sich nach unten (an Ihren Füßen) zu orientieren, als den Kopf hochzudrehen, um Ihre Schultern anzuschauen. Die Füße laufen automatisch immer in die Richtung, in die der Hund auch laufen soll.

Hände
Hände sollen nicht viel, wenn aber eingesetzt, sehr präzise zeigen. Normalerweise arbeiten wir mit der Führhand, das heißt der Hand näher beim Hund. Oft benütze ich die Hände auch als »Laserpointer«. Hunde müssen lernen, auch auf die Hände zu achten. Die meisten orientieren sich automatisch an den Füßen. Es gibt aber Situationen, in denen der Hund sowohl auf die Füße wie auch auf die Hände achten soll.

Kommandos
Mit der Stimme können Sie den Hund sinnvoll unterstützen.

Blicke
Augen sagen sehr viel aus. Selbst Menschen spüren wenn Sie angestarrt werden. Hunde haben in dieser Beziehung noch viel mehr Feingefühl. Wenn Sie als Hundeführer das falsche Gerät anschauen, wird der Hund auch das falsche Gerät anvisieren und absolvieren.

Bewegung
Die Bewegung ist sehr wichtig. Gehen Sie immer in die Richtung, in die der Hund gehen soll. Mit der Anpassung der Laufgeschwindigkeit geben Sie wichtige Informationen.

Es sollten immer mindestens drei Hilfen gewährleistet sein. Möchte ich also schon von einem Gerät weglaufen, unterstütze ich den Hund eventuell mit einem »Out«, der Hand wie ein Laserpointer und den Blick immer noch auf das Gerät gerichtet. So wird der Hund wissen, dass er, obwohl ich mich schon von ihm wegbewege, trotzdem in aller Ruhe das Gerät absolvieren kann.

Es ist hilfreich, immer wieder mit den Händen hinter dem Rücken oder in der Tasche und/oder ohne Kommandos einige Sequenzen zu trainieren. Oftmals ist es so, dass vor allem verbale Kommandos Ungenauigkeiten des Körpers übertönen. Somit muss der Hundeführer sich wirklich wieder einmal auf seinen Körpereinsatz konzentrieren. Es ist wichtig, dass der Hundeführer lernt, vor allem seine Füße richtig einzusetzen.

⌂ Voran

Das *»Voran« ist eines der wichtigsten Kommandos. Auf das Kommando »Voran« des Hundeführers sollte der Hund sich in gerader Linie nach
vorne vom Hundeführer weg bewegen.*

Wie baue ich ein sauberes »Voran« auf?
Ich brauche ein Hilfsmittel wie zum Beispiel ein Target,
ein Spielzeug oder eine Futterschüssel. Ich bevorzuge in
der Regel eine Futterschüssel die recht groß ist, damit
sie der Hund auch gut sehen kann. Zu Anfang übe
ich meist in einem Hausgang (Korridor), da der Hund
so nicht nach rechts oder links abweichen kann. Die
Futterschüssel stelle ich auf den Boden, zeige sie dem
Hund und gehe dann mit dem Hund etwa fünf Meter
zurück. Ich halte ihn am Halsband fest, zeige an seinem

Perfektes »Voran« aus dem Tunnel.

Perfektes »Voran« aus dem Sacktunnel.

Kopf entlang auf das Hilfsmittel und sage dabei immer wieder »Voran, Voran, Voran«. Nun lasse ich den Hund los und er läuft geradewegs auf die Futterschüssel zu und kann sich als Belohnung das »Gutzi« holen. Diese Übung kann ich bereits bei jeder Fütterung mit dem Welpen machen. Die Distanz zur Futterschüssel wird jedes Mal vergrößert. Aber aufgepasst, nicht zu große Distanzverlängerungen aufs Mal machen. Je kleinere Schritte wir im Aufbau haben, umso weniger Fehler kann der Hund machen. Er soll ja lernen, dass das »Voran« etwas Positives ist, und er für sein Ablösen vom Hundeführer jedes Mal belohnt wird. Wenn das Ganze zu Hause im Hausgang gut klappt, gehe ich nach draußen und übe das »Voran« wo immer ich Zeit finde. Ein Sportplatz eignet sich bestens dazu, da wir da auf große Distanzen üben können. Ich fange jetzt auch an, mit der Art der Belohnung abzuwechseln. Es

wird zum Beispiel das Lieblingsspielzeug meines Hundes hingelegt, ein Target das er berühren kann, oder ich übe mit einem anderen Hundeführer, der dem Hund ein »Gutzi« oder den Ball gibt.

Das »Voran« soll auch klappen, wenn der Hundeführer seitlich vom Hund oder seitlich versetzt vor dem Hund ist. Der Hund sollte immer das Objekt (zum Beispiel Spielzeug oder später das Gerät) anlaufen, auf das wir ihn ausgerichtet haben.

Übungsskizze 1:
Wir haben eine Gerade von fünf Sprüngen. Der Übungsleiter steht hinter dem fünften Sprung und lockt den Hund mit seinem Spielzeug. Der Hundeführer läuft seitlich neben den Sprüngen parallel zum Hund. Wir machen das zwei bis drei Mal, bis der Hund wirklich auf direktem Weg nach vorne springt. Nur

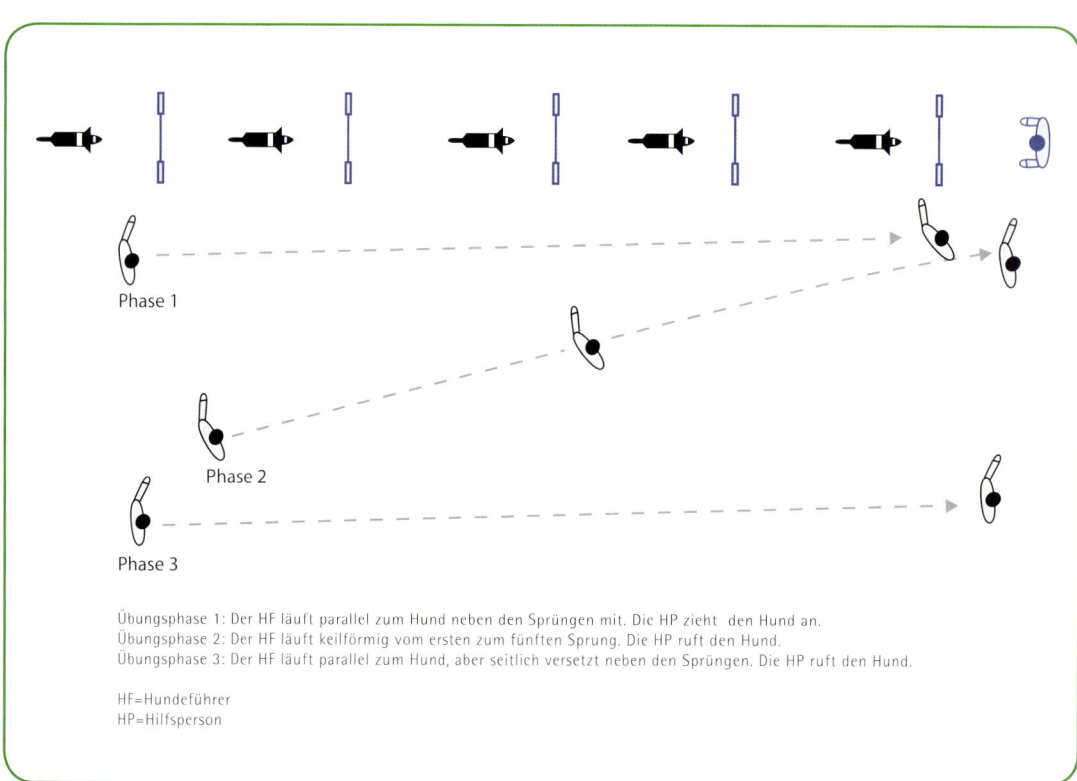

Übungsphase 1: Der HF läuft parallel zum Hund neben den Sprüngen mit. Die HP zieht den Hund an.
Übungsphase 2: Der HF läuft keilförmig vom ersten zum fünften Sprung. Die HP ruft den Hund.
Übungsphase 3: Der HF läuft parallel zum Hund, aber seitlich versetzt neben den Sprüngen. Die HP ruft den Hund.

HF=Hundeführer
HP=Hilfsperson

Übungsskizze 1

geht der Übungsleiter zur Seite und hilft nicht mehr. Falls der Hund ohne Hilfe nicht nach vorne zieht, können wir als Hundeführer einen kleinen Trick anwenden. Wir stellen uns etwa zehn Meter seitlich neben den ersten Sprung, geben dem Hunde das Vorankommando und laufen gleichzeitig mit ihm los. Der Hund soll geradeaus über die Hürden springen. Der Hundeführer rennt seitwärts zum Hund keilförmig immer in Richtung der fünften Hürde. So wird der Hund, der im Begriff ist, seine Linie zu verlassen, immer wieder zurück auf die Linie geschoben. Je öfter wir das »Voran« üben, um so eher können wir das keilförmige Laufen wieder abbauen, weil der Hund dann begriffen hat, dass das »Voran« für ihn bedeutet, das nächstfolgende Gerät, das in gerader Linie vor ihm steht, anzugehen.

Übungsskizze 2:
Voranübungen aus allen Positionen auch mit anderen Geräten zwischen Hund und Hundeführer.

»Voran« beim Tunnel oder Sack:
Sobald der Hund den Tunnel betritt oder noch im festen Teil des Sacktunnels ist, erhält der Hund das Kommando »Vor«. Der Hund soll nun lernen, dass er beim Verlassen des Tunnels nicht den Blickkontakt zum Hundeführer sucht (dies wäre ja ein natürliches Verhalten), sondern sich auf das Gerät fixieren soll, welches er im Tunnel bereits sehen kann. Dies ist vor allem auch beim Sack wichtig, weil der Hund bei Ertönen dieses Kommandos bedingungslos gerade aus dem Sack kommen, und nicht dem Hundeführer vor die Füße laufen soll.

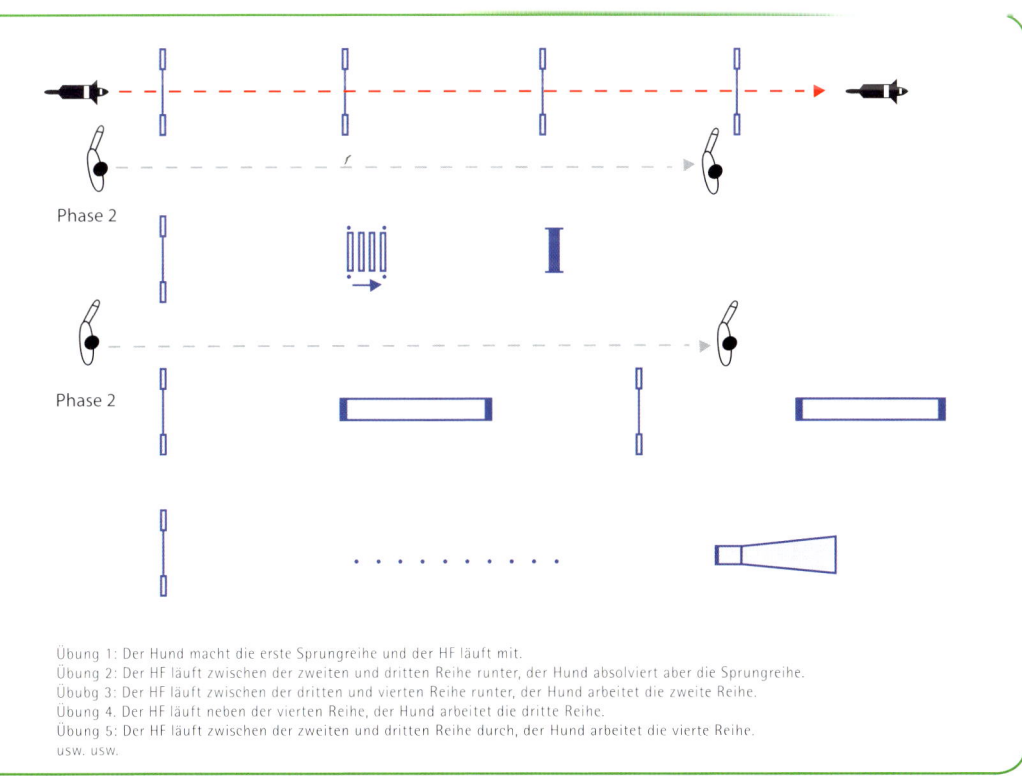

Phase 2

Phase 2

Übung 1: Der Hund macht die erste Sprungreihe und der HF läuft mit.
Übung 2: Der HF läuft zwischen der zweiten und dritten Reihe runter, der Hund absolviert aber die Sprungreihe.
Übubg 3: Der HF läuft zwischen der dritten und vierten Reihe runter, der Hund arbeitet die zweite Reihe.
Übung 4: Der HF läuft neben der vierten Reihe, der Hund arbeitet die dritte Reihe.
Übung 5: Der HF läuft zwischen der zweiten und dritten Reihe durch, der Hund arbeitet die vierte Reihe.
usw. usw.

Übungsskizze 2

Belgier (Frontwechsel)

Der Frontwechsel ist wie das Wort schon sagt ein Wechsel vor dem Hund. Der Hund wird zum Beispiel rechterhand über eine Sprungkombination von drei in einer Kurve (90°) gestellten Sprüngen geführt und linkerhand wieder übernommen. Dabei dreht sich der Hundeführer so, dass er den Hund während seiner Drehung immer im Auge hat.

Am einfachsten für Hund und Hundeführer übt man das zuerst mit dem Tunnel (siehe linke Zeichnung). Wir stellen einen Tunnel in U-Form hin. Wir stehen vor dem Tunnel so, dass beide Tunnellöcher in unsere Richtung zeigen. Der Hund wird aus unserem Blickwinkel vor dem rechten Tunneleingang positioniert. Der Hundeführer steht links vom Hund, also zwischen den zwei Tunneleingängen. Der Hund wird nun mit der rechten Hand in den Tunnel geschickt. Der Hundeführer, der mit seiner Frontseite gegen den Tunnel steht, läuft auf die gegenüberliegende Ausgangsseite des Tunnels und macht während dem Rüberlaufen eine halbe Drehung nach rechts, wobei er den Tunnel nie aus den Augen lässt, und übernimmt den Hund links vom Ausgang mit dem Rücken gegen den Tunnel stehend auf der linken Hand. Dem Hund wird

sofort das Spielzeug als Belohnung geworfen, und er läuft dem Spielzeug hinterher. Geübt wird das Ganze selbstverständlich auch spiegelverkehrt, also von links nach rechts.

Da der Hundeführer nun die richtige Drehung verstanden hat, üben wir den »Belgier« auch in Sprungkombinationen (siehe rechte Zeichnung). Wir nehmen dazu drei Sprünge und stellen sie im Halbkreis auf. Von einem Sprung zum anderen ist ein Winkel von 90°. Der Hundeführer schickt den Hund über den ersten Sprung gibt ihm das Kommando für den zweiten und dritter Sprung, läuft zum dritten Sprung rüber und macht während dem Rüberlaufen eine halbe Drehung gegen den Hund, und nimmt ihn auf der Außenseite des dritter Sprunges wieder entgegen. Sobald ich als Hundeführer wahrnehme, dass der Hund den ersten Sprung anpeilt und mit der Einleitung des Sprunges beginnt, beginne ich mit meiner Drehung. Während meiner Drehung sehe ich den Hund immer an. Die Führhand (die Hand, die näher beim Hund ist) bleibt immer etwa auf Schulterhöhe ausgestreckt und zeigt auf das Gerät, welches der Hund springen soll. Sobald ich merke, dass der zweite

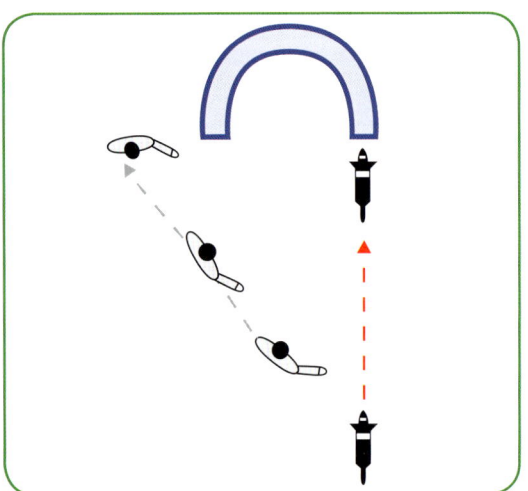

Belgischer Wechsel, Übungsskizze 1

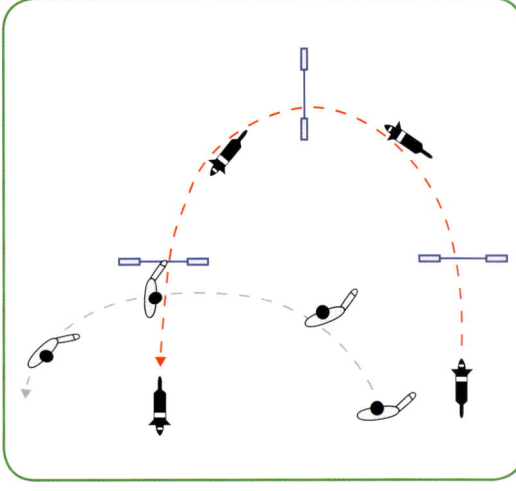

Belgischer Wechsel, Übungsskizze 2

Sprung vom Hund angepeilt und angesprungen wird, wechsle ich meine Hand und leite den Hund weiter auf den dritten Sprung. Wenn das Timing des Hundeführers perfekt ist, springt der Hund den mittleren Sprung nahe am Seitenteil auf der Halbkreisinnenseite. Wenn der Hundeführer mit seiner Drehung zu spät ist, springt der Hund den Sprung auf der Außenseite oder umläuft sogar den dritten Sprung.

Achtung: Immer gut (mit genügend Abstand) auf die Außenseite des letzten Sprunges laufen, damit man dem Hund in seiner Landung nicht im Weg steht.

»Belgier« können vielfach eingesetzt werden:
▶ in Sprungkombinationen
▶ vor oder nach den Zonen
▶ vor oder nach dem Slalom usw.

Mit dem Frontwechsel bin ich immer vor dem Hund und kann ihn so viel eher wieder in die gewünschte Richtung leiten. Der Frontwechsel eignet sich für langsamere oder unmotivierte Hunde, um sie zu ziehen und zu motivieren, dem Hundeführer schneller nachzulaufen. Schnelle Hunde kann ich so immer wieder annehmen, weiterleiten und mich wieder am nächsten wichtigen Punkt positionieren. Wer »Links- und Rechts«-Kommandos beherrscht, hat es im Aufbau etwas leichter, da der Hund eventuelle Fehler in der Körperhaltung verzeiht und nach dem Richtungskommando dreht. Wenn man aber die Körperbewegung gut und gezielt einsetzt, braucht der Hund beim Frontwechsel nicht unbedingt Richtungskommandos. Es funktioniert auch bestens mit einem Aufmerksamkeitskommando wie zum Beispiel »Hier«. Niemals aber sollte man vergessen, dass unser Körper in der Regel mehr ausdrückt als ein Kommando. Der Hund wird also eher auf ein Körperkommando als auf ein Hörzeichen reagieren. Wenn er mal zu früh reinzieht und so den Sprung nicht mehr springt, war das Körperzeichen des Hundeführers bestimmt nicht eindeutig klar für den Hund.

Belgier am richtigen Ort; der Hund springt ganz eng am Ausleger.

Belgier am falschen Ort; der Hund springt zu weit raus.

Belgier am richtigen Ort; der Hund springt ganz eng am Ausleger.

Belgier am falschen Ort; der Hund springt zu weit raus.

»Japaner« (blinder Wechsel)

Der »Japaner« ist wie der »Belgier« ein Wechsel vor dem Hund. Während man aber beim »Belgier« den Hund nie aus den Augen verliert, hat man beim »Japaner« den Hund während dem Wechsel kurz hinter dem Rücken. Auch den »Japaner« übt man am besten mit dem Tunnel. Wir stellen uns einen Tunnel in U-Form hin. Beide Tunnelöffnungen zeigen in unsere Richtung. Rechts und links vom Tunnel stellen wir je einen Sprung hin. Die Distanz zwischen Tunnelausgang und Seitenteil beträgt ca. einen Meter. Wir setzen den Hund vor den linken Tunneleingang und stellen uns rechts neben den Hund. Der Hund wird nun in den Tunnel geschickt. Sobald wir sehen, dass er den Tunneleingang sauber anzieht, rennen wir Richtung Tunnelausgang los. Wir laufen rechts am rechten Tunnelausgang vorbei. Der Hund, der im Tunnel ist und nun aus der Biegung heraus gegen den Tunnelausgang sieht, stellt fest, dass wir vor dem Tunnelausgang durchlaufen und weiß deshalb schon, dass er nach dem Tunnel nach rechts drehen soll. Sobald der Hund herauskommt, stehen wir schon rechts vom Tunnelausgang, übernehmen den Hund auf der rechten Hand und schicken ihn über den Sprung.
Während der ganzen Übung schauen wir immer vorwärts. Bis wir auf der rechten Tunnelausgangsseite sind, sehen wir Hund und Tunnel auf unserer linken, nach dem Tunnelausgang auf unserer rechten Seite. Alles, was wir also tun, ist den Kopf von der linken Seite auf die rechte Seite zu drehen. Sobald der Hund aus dem Tunnel kommt, haben wir ihn kurz im Rücken. Weil wir ihn jedoch anrufen und mit der rechten Hand ein Sichtzeichen geben, weiß er, dass er uns auf unserer rechten Körperseite folgen soll. Die gleiche Übung können wir nun auch spiegelverkehrt machen.

Den »Japaner« können wir nun auch auf Sprungkombinationen üben. Wir üben an vier Sprüngen. Wir stellen drei Sprünge in einem Halbkreis mit je einem 90° Winkel hin. Der vierte Sprung in einem 90° Winkel rechts nach dem dritten Sprung.

Wir setzen den Hund vor den ersten Sprung ganz links und stellen uns rechts von ihm in Startposition. Wir schicken den Hund geradeaus über den ersten Sprung und nach rechts über den zweiten Sprung. Die Handzeichen erfolgen mit der linken Hand. Sobald der Hund den zweiten Sprung anzieht, laufen wir von der rechten Flügelseite des zweiten Sprunges auf die linke Flügelseite des dritten Sprunges, nehmen die linke Hand runter und wechseln blitzschnell auf die rechte Hand. Wir laufen dabei immer in der gleichen Richtung weiter. Der Hund befindet sich in dem Moment über dem zweiten Sprung in unserem Rücken und landet nach dem zweiten Sprung auf unserer rechten Seite, und wir führen ihn mit der rechten Hand über den dritten und vierten Sprung. Wichtig ist, dass wir uns wirklich direkt auf die linke Seite des dritten Sprunges hinbewegen. Wenn wir uns auf die linke Seite des zweiten Sprunges hinbewegen, hat der Hund keinen Platz für die Landung und wird die Stange runterschmeißen.

Bei »Japanern« sind deutliche Handzeichen für den Hund ausgesprochen wichtig. Der Hund soll schnellst möglich darüber informiert werden, auf welcher Körperseite seines Hundeführers er weiterlaufen muss. Ein deutliches Handzeichen kann auch ein Klopfen auf das Bein auf der Seite, wo er hinlaufen soll sein. Dies ist aber weniger ersichtlich für den Hund wie der Arm, der nach hinten ausgestreckt ist.

> *»Japaner« werden nicht anstelle von »Belgiern« genutzt. Ein »Japaner« ist optimal eingesetzt, wenn ich aus einer Kurve herauslaufen und in entgegen gesetzter Richtung weiterlaufen soll. Also eigentlich in die Kurve reinziehe und mich von der Kurve mittreiben lasse. Mit einem »Belgier« arbeite ich gegen die Kurve und mache sie enger.*

Ein »Japaner« kann bei jedem Geräte eingesetzt werden, wenn die dadurch angezeigte Richtungsänderung sinnvoll ist. Nach Kontaktzonen kann man sie allerdings nur einsetzen, wenn man sicher ist, dass der Hund die Zonen auch hinter unserem Rücken korrekt arbeitet.

»Japaner« eignen sich auch für Hunde, die nicht so motiviert sind oder für Hunde, die das Tempo zurücknehmen, wenn sie gegen den Hundeführer springen müssen. Da die Hunde beim »Japaner« den Rücken des Hundeführers sehen und der dadurch unmissver-

ständlich davonläuft, animiert es solche Hunde, dem Hundeführer schneller nachzulaufen.

> **Wichtig:** *Bewegen Sie sich bei den »Belgiern« oder »Japanern« immer in Richtung des nächstfolgenden Gerätes.*

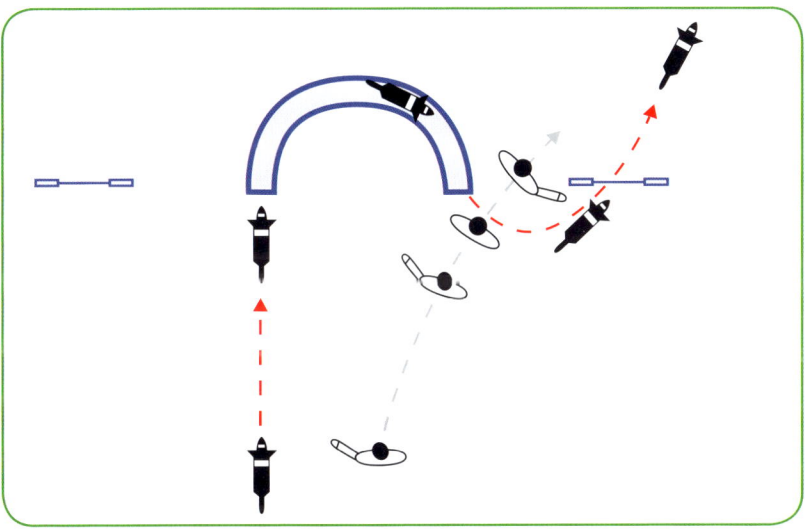

Japanischer Wechsel
Übungsskizze 1

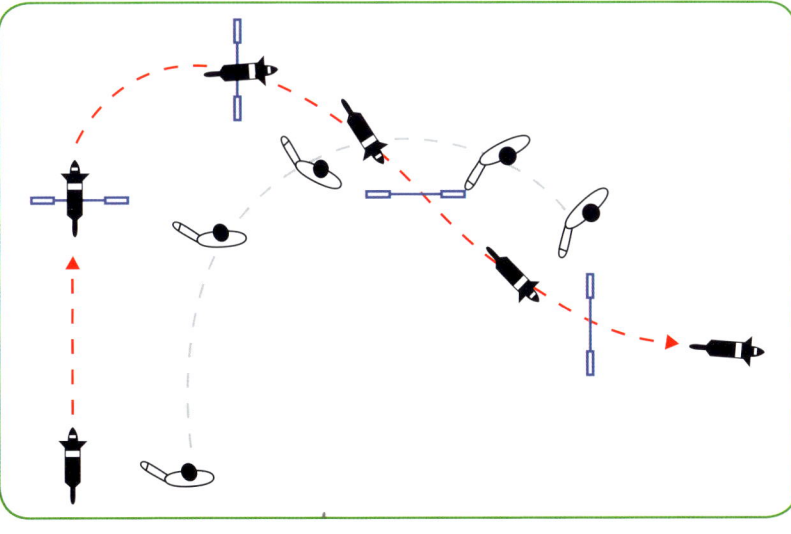

Japanischer Wechsel
Übungsskizze 2

»Engländer« (angedeutete Drehung oder »halber Belgier«)

Ein »Engländer« ist eine angedeutete Drehung mit der Front zum Hund und gleichzeitigem Weiterlaufen in die Richtung des zu absolvierenden Gerätes. Der Hund wird dadurch von seiner eingeschlagenen Richtung auf den Hundeführer aufmerksam gemacht und von seiner Linie auf die optimale Linie für das nachfolgend zu absolvierende Gerät ausgerichtet.

Der Hund kommt zum Beispiel aus dem Tunnel und hat in gerader Richtung davor die Schrägwand, sollte aber in den Sacktunnel, der links parallel zur Wand steht. Der Hundeführer hat den Hund auf seiner rechten Seite beim Tunnelausgang. Er dreht ganz kurz mit der Brust gegen den Hund, ruft ihn mit der rechten Hand an und läuft aber immer weiter in Richtung linker Außenseite des Sacktunnels, damit er dem Hund die Sicht auf den Sacktunnel nicht nimmt. Der Hund sieht die Drehung des Hundeführers und denkt, dass dieser die Richtung wechseln wird. Er dreht sich also gegen den Hundeführer und verlässt damit die direkte Linie Tunnel – Wand. Sobald der Hund auf die Linie Tunnel – Sacktunnel kommt, dreht sich der Hundeführer wieder Richtung Sack und schickt den Hund mit der rechten Hand hinein. Durch die stetige Bewegung des Hundeführers in Richtung des Sackes auch während der angedeuteten Drehung, treffen Hundeführer und Hund gleichzeitig vor dem Sacktunnel ein.

> **Wichtig** *beim »Engländer« ist die stetige Bewegung auch während der angedeuteten Drehung zum nachfolgenden Gerät.*

Man bewegt sich dabei leicht seitlich/rückwärts. Diese halbe Drehung mit dem Oberkörper und dem Seitlich-/Rückwärts-Laufen muss geübt werden. Es muss dabei darauf geachtet werden, dass wir nur auf den Fußballen laufen. Wenn man zu stark auf den Fersen läuft, kommt man nicht vom Fleck. Also nur auf dem Vorderfuß laufen und nicht zu große Schritte machen. Die Bewegung kann ich beim Spaziergang mit dem Hund üben. Ich stehe zum Beispiel zwanzig Meter vor dem Hund, drehe ihm den Rücken zu und schaue ihn über meine Schulter an. Ich laufe los und strecke die rechte Hand aus, damit er weiß, dass er auf meine rechte Seite kommen muss und rufe ihn

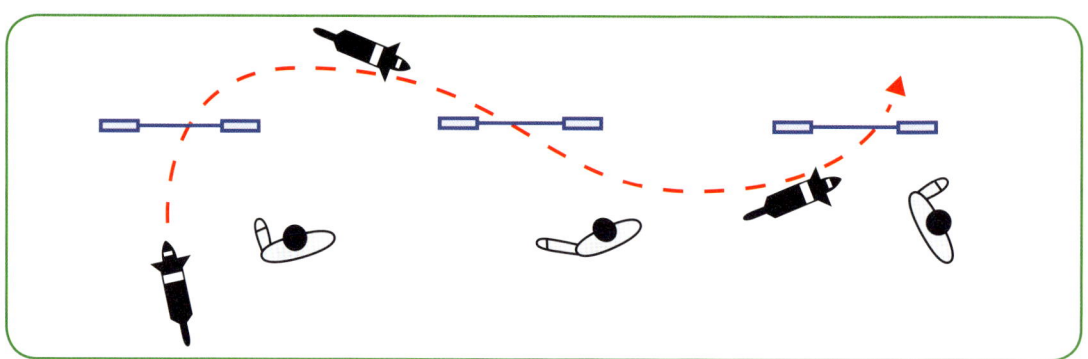

Welle mit Engländern.

zu mir. Wenn er etwa zehn Meter hinter mir ist, drehe ich meinen Oberkörper gegen ihn, linke Schulter
nach rechts drehen und dem Hund die Front zeigen.
Mit der Drehung nach rechts schwenkt meine Hand
automatisch auch nach rechts. Der Hund folgt der
Hand und versetzt sich parallel ca. um zwei Meter.
Ich laufe mit der Drehung kurz rückwärts und verschiebe mich auch zwei Meter zur Seite, drehe mich
nun wieder nach links und nehme den Hund auf der
rechten Hand entgegen. Sobald er an meiner Seite
ist, werfe ich ihm das Spielzeug an meiner rechten
Körperseite entlang nach vorne zur Bestätigung für
seine korrekte Arbeit.

Damit ich nicht über meine eigenen Füße falle, beginne
ich die Drehung auf dem Innenfuß und beende sie
auf dem gleichen Fuß. Da wir alle eine Seite haben,
die uns besser liegt und eine, die uns schlechter liegt,
muss die Drehung auf beide Seiten geübt werden, und
zwar mit Schwerpunkt auf unserer schlechteren Seite.
Die Bewegung muss solange geübt werden, bis man
sie ganz automatisch einleiten und ausführen kann.
Beim Parcourslaufen mit dem Hund haben Sie keine
Zeit mehr, auf Ihre Füße zu achten. Die Bewegung muss
einfach ablaufen.

Welle mit Engländern.

»Rum« oder »Change«

Mit dem »Rum« animiert man den Hund dazu, sich von der einen Körperseite des Hundeführers hinter dem Rücken durch, auf die andere Körperseite zu bewegen, wo der Hundeführer ihn dann wieder aufnimmt und weiter führt. Im Parcours gibt es zwei Situationen, wo das »Rum« angewendet werden kann. Für den Hund bleibt es die gleiche Bewegung, wird aber vom Hundeführer verschieden eingeleitet.

Situation 1
Der Parcours beinhaltet eine schnelle Gerade mit einer 180° Drehung. Der Hund soll möglichst eng drehen, was aber nicht so einfach ist, da er ja aus der Geraden mit sehr viel Geschwindigkeit kommt. Damit der Hund trotzdem sehr kurz wendet, setzen wir hier unser »Rumkommando« ein.

Beispiel:
Wir stellen uns drei Sprünge in einer Geraden auf. Parallel dazu noch drei Sprünge in einer Geraden. Nach dem dritten Sprung stellen wir den Tunnel in U-Form

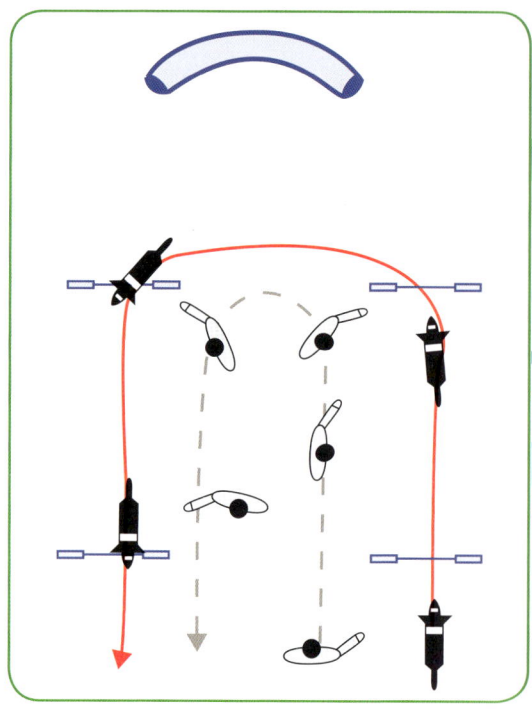

Das »Rum« oder »Change«, Übungsskizze 1

hin. Die beiden Tunnelausgänge sind jeweils auf den dritten Sprung der beiden Geraden ausgerichtet.

Wir setzen den Hund hinter den ersten Sprung der rechten Geraden. Er sieht nun drei Sprünge und den rechten Eingang des Tunnels vor sich. Wir stellen uns parallel zum Hund außerhalb der Sprungflügel zwischen dem ersten und zweiten Sprung hin. Wir rufen den Hund und laufen mit ihm los. Die rechte Hand weist ihm den Weg. Wir schicken ihn über den ersten, den zweiten und dann über den dritten Sprung. Sobald wir feststellen, dass der Hund den dritten Sprung springen wird, drehen wir die linke Schulter gegen den Hund und schicken ihn mit der linken Hand über den Sprung. Wir stehen nun mit dem Rücken gegen den dritten Sprung, drehen den Kopf blitzschnell auf die rechte Seite und übernehmen den Hund, der nun von hinten kommt, mit der rechten Hand auf unserer rechten Seite und schicken ihn über die Sprünge vier bis sechs wieder voran. Auf der ganzen Geraden von Sprung eins bis drei denkt der Hund die ganze Zeit, dass es weiter in den Tunnel gehen wird. Durch un-sere abrupte Drehung in die Gegenrichtung bringen wir ihn aber dazu, von seinem Vorhaben abzusehen und uns auf kürzester Linie zu folgen. Wichtig ist, dass der Hund die Gegendrehung vor dem dritten Sprung in dem Moment mitbekommt, wo er sich für den Absprung bereit macht. Das heißt, in dem Moment, in welchem er einteilen muss, wie weit er nach dem Sprung springen wird. Sind wir zu spät mit der Einleitung der Drehung, wird der Hund trotzdem weit springen, weil er seinen Absprungsradius schon eingeteilt hat. Ist er schon mal weggesprungen, kann nur ein sehr routinierter Hund seinen Absprungswinkel noch verkürzen.

Sind wir aber zu früh mit der Drehung, ziehen wir den Hund vom dritten Sprung weg, ohne zu springen. Das »Rum« muss also sehr gut geübt werden, damit wir das »Timing« der Drehung mit unserem Hund genauestens kennen lernen. Diese Art des »Rum« kann immer eingesetzt werden, wenn wir eine 180° Drehung im Parcours haben.

Der Hundeführer dreht sich gegen den Hund.

Situation 2

Während des Parcoursverlaufs kann es sein, dass der Hundeführer nicht vor den Hund kommt, um einen Wechsel einzuleiten. Der Hund sollte über einen Sprung und gleich wieder um 180° in die andere Richtung laufen wobei er an einem Gerät vorbeigesteuert werden muss, das er nicht wählen soll.

Beispiel:

Wir haben zwei Sprünge in gerader Richtung, links vom zweiten Sprung einen dritten Sprung, der parallel zum zweiten in gerader Richtung auf den Slalom führt. Auf der linken Seite vom dritten Sprung seitlich um einen Meter verschoben noch die Wippe. Der Aufgang der Wippe ist vom Hund ersichtlich, sobald er nach dem dritten Sprung landet (siehe Skizze unten).

Der Hund wird beim ersten Sprung auf der rechten Seite des Hundeführers geführt und auf den zweiten Sprung nach vorne geschickt. Sobald der Hundeführer sicher ist, dass der Hund den zweiten Sprung anziehen wird, dreht er sich seitlich rückwärts, wendet die linke Schulter etwas gegen den Hund und zeigt ihm den zu laufenden Weg mit der rechten Hand. Gleichzeitig läuft er auf die linke Sprungflügelseite des dritten Sprunges, lässt den Hund an seiner rechten Seite vorbei über den Sprung springen, wobei er sich blitzschnell auf die linke Seite dreht und einen Schritt nach vorne Richtung Slalom macht. Während der Hund um ihn herumläuft, zieht er ihn an der linken Hand führend an der Wippe vorbei zum Slalom. Durch die Bewegung des Hundeführers vom Sprungflügel weg nach vorne zum Slalom, während der Hund landet und um den Hundführer herumläuft, zieht der Hundeführer den Hund mit sich, wobei der Hund den Hundführer anschaut und somit die Wippe keines Blickes würdigt.

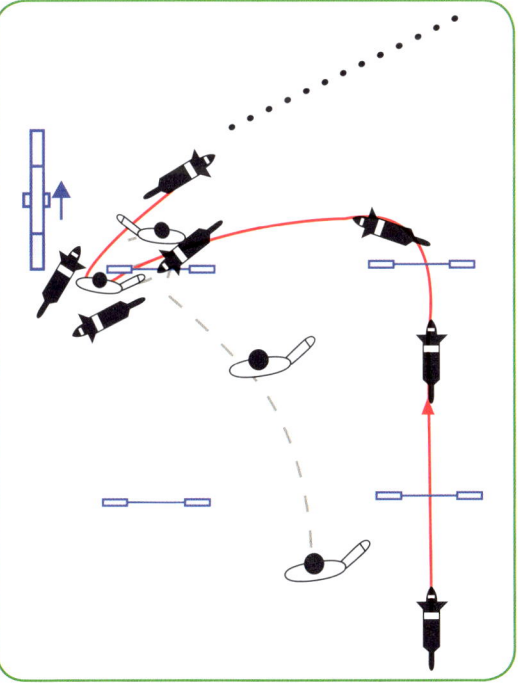

Das »Rum« oder »Change«

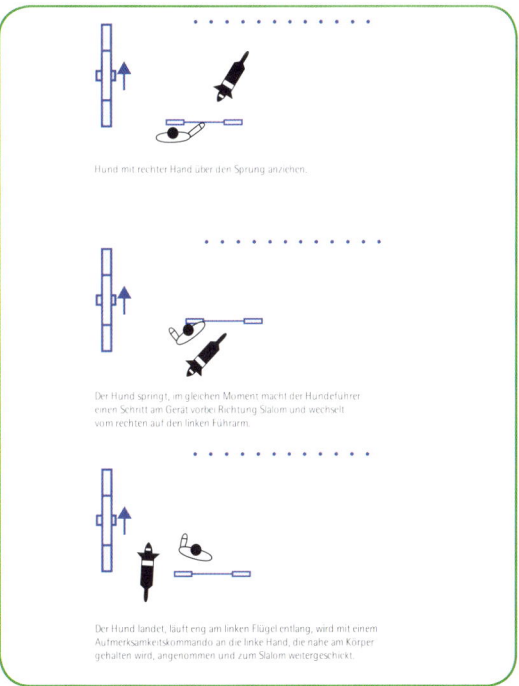

Details zu »Rum« oder »Change«

Durch das »Rum« wird der Hund vom Tunnel weggezogen und würdigt so den Tunnel keines Blickes.

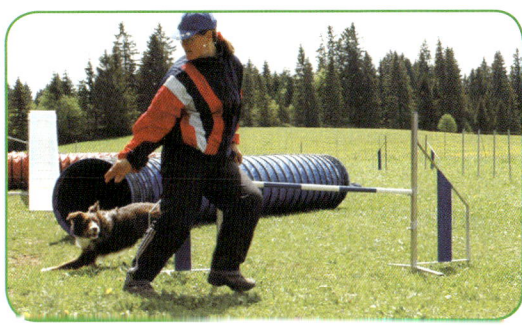

Für den Hund ist der Tunnel völlig unwichtig, weil die Körperhaltung des Hundeführers nie in diese Richtung zeigt.

 ## »Geh«

Beim »Geh« soll sich der Hund in Laufrichtung seitlich verschieben. Der Hund springt dabei seitwärts/vorwärts über die Hürde. Das heißt, er springt von einem Seitenteil zum anderen Seitenteil, wobei er mit dem ganzen Körper gleichzeitig über der Stange in der Luft hängt und sich seitwärts verschiebt. Das seitliche Anspringen eines Sprunges ist für den Hund nicht einfach. Die Zeit, in der er sich über der Sprungstange befindet, ist viel länger, als wenn er gerade über eine Hürde springt.

Das Kommando braucht man zum Beispiel auf der Sprungwelle. Die Welle kann bei einem gut aufgebauten »Geh« wie eine Gerade angegangen und somit sehr Zeit sparend abgearbeitet werden. Siehe unter Sprungkombinationen »Welle«, Seite 120.

»Hinten«

Hinten

Das »Hinten« brauchen wir nur in Bezug auf eine Hürde. Der Hund springt dabei die Hürde nicht frontal an, sondern nimmt sie auf dem kürzest möglichen Weg von hinten. Er läuft also nur um den Ausleger herum und springt die Hürde von hinten in Richtung Hundeführer, der ihn dann gleich weiter führen kann. Wir üben das vorerst nur mit einer Hürde. Wir setzen

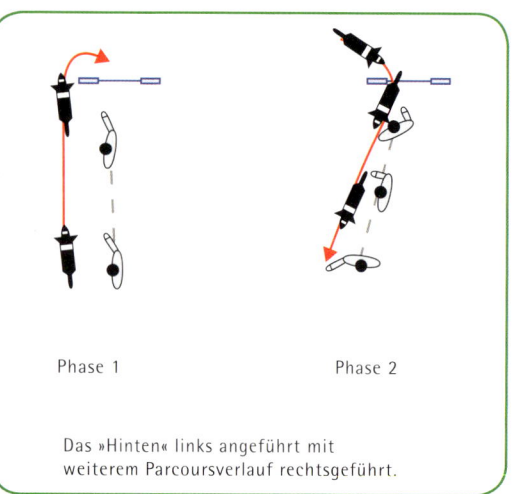

Phase 1   Phase 2

Das »Hinten« links angeführt mit weiterem Parcoursverlauf rechtsgeführt.

den Hund vor die Hürde und richten seinen Kopf auf die linke Seite des linken Seitenauslegers aus. Wir stellen uns zwischen Hund und Sprung, stehen dabei vor dem linken Seitenausleger. Nun nehmen wir die rechte Hand und senden den Hund mit einer schwungvollen Handbewegung und dem gleichzeitig ausgesprochenen Kommando »Hinten« hinter die Hürde und rufen ihn über den Sprung wieder zu uns. Bei der Handbewegung kann man sich vorstellen, einen Frisbee zu werfen. Genau diese Handbewegung brauchen wir. Der Hund soll durch die Dynamik in der Bewegung dazu bewogen werden, den Sprung zu suchen, um den Ausleger herumzulaufen und über die Stange rüber wieder in Richtung des Hundeführers zu springen. Der Hundeführer rennt zu Anfang bis an das Seitenteil und bewegt sich dann rückwärts vom Sprung weg, bis der Hund das Seitenteil umläuft und den Sprung einleitet. Die rechte Hand bewegt sich dabei über den Ausleger, damit der Hund im Moment, in welchem der Hundeführer rückwärts läuft, auf seiner Route bleibt. Die rechte Hand zeichnet dem Hund im Prinzip seinen Laufweg ab. Bei der Landung nimmt der Hundeführer den Hund dann

wieder auf der Seite entgegen, die der weitere Verlauf des Parcours verlangt.

Eine gute Übung kann man auch mit zwei Sprüngen in einer Geraden machen. Man setzt den Hund hinter den ersten Sprung und stellt sich dann in die Mitte der beiden Sprünge. Mit der rechten Hand rufen wir nun den Hund, laufen mit ihm zusammen in Richtung linker Seitenausleger des zweiten Sprunges und schicken ihn mit einer schwungvollen Handbewegung und dem Kommando »Hinten« hinter den zweiten Sprung und ziehen ihn über den zweiten Sprung wieder in die Mitte der beiden Sprünge. Dabei lassen wir ihn links von uns landen und laufen mit ihm zurück zum ersten Sprung. Dort schicken wir ihn wieder um das für uns nun linke Seitenteil des Sprunges und rufen ihn über die Stange zu uns. Dabei bewegen wir uns rückwärts vom Sprung weg und nehmen den Hund auf unserer rechten Seite an. Weiter geht es wieder zum ersten Sprung, wo wir den Hund nun mit der linken Hand hinter den rechten Seitenausleger schicken, ihn über die Stange zu uns kommandieren und ihn rechtsgeführt wieder aufnehmen, usw. usw.

Im Gegensatz zum »Out« soll der Hund ja nicht weit um den Sprung herumgehen, sondern nur gerade die Distanz machen, die er braucht, um den Sprung erfolgreich zu absolvieren.

»Out«

Mit dem »Out« bringe ich dem Hund bei, einen größeren Bogen in der eingeschlagenen Laufrichtung zu machen. Ich stelle zum Beispiel drei Sprünge in einem Halbkreis auf und sende den Hund über die Sprünge, wobei ich mich auch in einem Halbkreis drehe und ihm mit der Führhand (Hand, die näher beim Hund ist) die Sprünge anzeige. Nun stelle ich den mittleren Sprung weiter nach hinten. Aus dem Halbkreis wird nun ein halber ovaler Kreis. Trotz der größeren Distanz des mittleren Sprunges zu den zwei anderen Sprüngen, möchte ich nicht weiter in den Kreis hineinlaufen. Ich schicke also den Hund über den ersten Sprung und sende ihn nun mit der Gegenhand und einem »Out«-Kommando raus zum zweiten Sprung und übernehme ihn wieder mit der Führhand über den dritten Sprung. Dadurch, dass ich beim »Out«-Kommando die Gegenhand nehme, zeigt meine Front seitlich gegen den Hund, was beim Hund unweigerlich einen leichten Druck auslöst. Er weicht dem Druck aus und verschiebt sich seitlich weiter weg von mir und macht daher einen größeren Bogen.

Das »Out« kann ich auch anwenden, wenn zum Beispiel der Laufstegaufgang vom Parcoursverlauf her schief angelaufen wird. Ich gebe dem Hund vor dem »Auf« ein »Out« und zeige das mit der Gegenhand an. Dadurch versetzt sich der Hund ganz sacht zur Seite, macht daher einen minimal größeren Bogen und kommt ganz gerade auf den Laufsteg.

Auch beim »Freestylen« können wir das »Out« wunderbar einsetzen.

Das »Out« können wir auf jedem Spaziergang üben, zum Beispiel um Bäume, um Holzstapel, oder um Fußballtore herum. Diese eignen sich ganz prächtig. Ich setze den Hund in die rechte Ecke hinter das Fußballtor, stelle mich ins Tor rein und schiebe ihn nun von innen zur linken Ecke und weiter um das Tor rum. Durch das Netz, das zwischen uns ist, kann der Hund nicht hereinkommen, sieht mich aber trotzdem immer. Übt man mit Bäumen, sollte man zuerst mit ganz dünnstämmigen anfangen, damit der Hund einen nur ganz kurz aus den Augen verliert. Man kann dann mit immer dickstämmigeren Bäumen steigern, oder auch mit Bäumen, die der Hund umlaufen soll.

Wenn der Hund das »Out« um Objekte mal beherrscht und das Kommando kennt, kann ich auch auf einer großen Wiese stehen und ihn weite Kreise um mich drehen lassen.

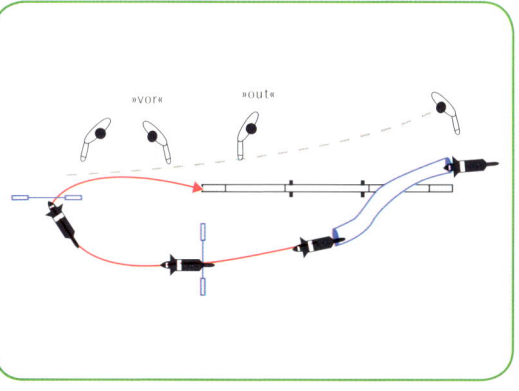

Das »Out«, Übungsskizze 1

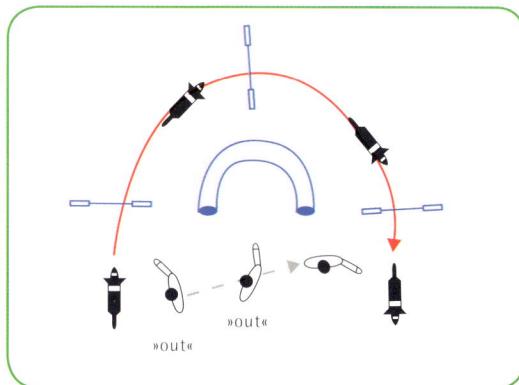

Das »Out«, Übungsskizze 2

Wenn der Hund auf Kommando Geräte selbständig abarbeitet, kann sich der Hundeführer in Ruhe positionieren.

Rückwärtslaufen

Das »Rückwärtslaufen« ist für Hund und Hundeführer eine gute Übung. Der Hundeführer lernt dabei den Abstand von einem Gerät zum anderen, ohne hinzusehen, einzuschätzen. Der Hund lernt auch über Sprünge zu springen, wenn der Hundeführer sich rückwärts von ihm fortbewegt. Vor allem lernt er, sich auch auf die Gestik der Hände zu konzentrieren. Wir nehmen dazu fünf Sprünge und stellen sie W-förmig auf. Wir setzen den Hund hinter den ersten Sprung und stellen uns rechts vom Sprung seitlich versetzt in Richtung des zweiten Sprunges auf. Wir rufen den Hund nun mit der rechten Hand über den Sprung und laufen seitwärts rückwärts nach rechts gegen den zweiten Sprung. Der Hund wird mit der rechten Hand vor uns durchgeführt und über den zweiten Sprung geschickt, und mit der linken Hand wieder übernommen usw. Wichtig ist am Anfang, dass wir die Hände fast nahtlos wechseln. Das heißt, die eine Hand schiebt den Hund seitlich vorwärts über den Sprung, die zweite Hand gesellt sich zur ersten, übernimmt den Hund noch auf dem Sprung und führt ihn weiter zum anderen Sprung. So haben wir einen flüssigen Ablauf bei der Führung und der Hund bekommt seine Information für den nächsten Sprung nahtlos. Achten Sie bitte darauf, dass Sie den Hund anfangs mit der Hand hinter den Sprung schieben. Bewegen Sie dabei diese, als würden Sie einen Frisbee werfen, um genügend Dynamik in die Handbewegung zu bringen, da der Rest des Körpers sehr statisch ist.

Das Ziel dieser Übung ist, dass sich der Hundeführer auf einer geraden Linie rückwärts bewegt und den Hund mit Hilfe der »schwingenden« Arme über die Sprünge führt.

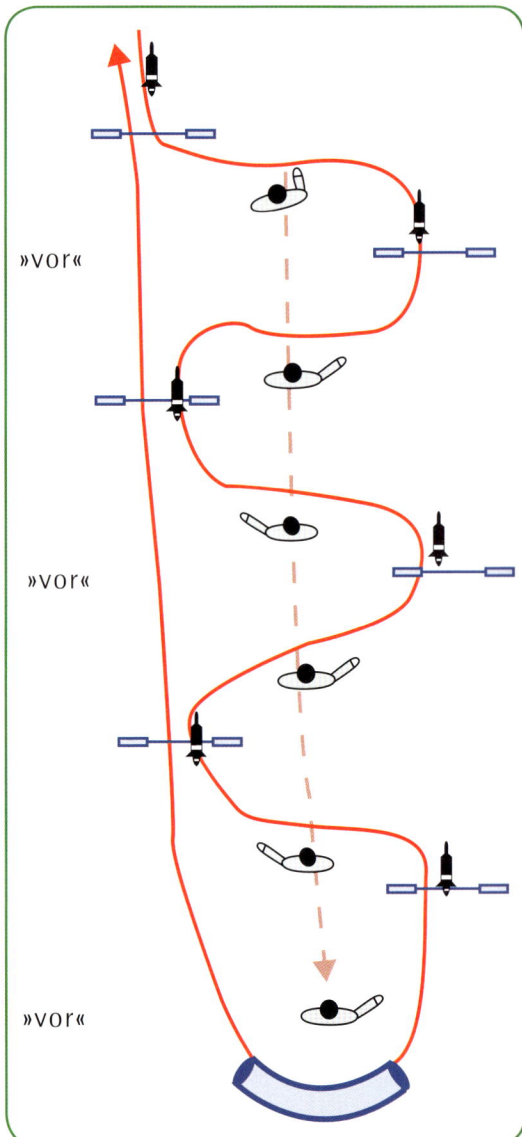

Eine gute Koordinationsübung für Hund und Hundeführer.

Rückwärtsgehen

Wechsel hinter dem Hund

Der »Wechsel hinter dem Hund« wird heute nicht mehr so stark angewendet wie früher. Wann immer möglich, führt man den Hund von vorne. Trotzdem sollte man dem Hund auch die Wechsel hinter ihm beibringen. Zum einen, weil man einfach alles können sollte und weil es eben jedem einmal passiert, dass er vergisst zu wechseln. Passiert uns diese Situation, müssen wir uns zu helfen wissen. Beim Wechseln hinter dem Hund geschehen oft Verweigerungen, weil der Hundeführer zu früh in den Sprung reinläuft und den Hund dadurch zur Seite schiebt. Der Hund weiß nicht mehr sicher, ob er nun über den Sprung setzen soll oder nicht.

Am einfachsten üben wir das Wechseln hinter dem Hund beim Tunnel oder bei den Zonen. Das sind Geräte, die die Hunde in der Regel gerne machen und innerhalb kurzer Zeit alleine anziehen.

Wir können das Wechseln hinter dem Hund aber auch mit einem einzigen Sprung üben.

Man stellt einen Sprung auf und setzt den Hund in die Mitte vor den Sprung. Der Hundeführer stellt sich rechts neben den Sprung und schickt den Hund über den Sprung. Sofort nach der Landung wirft der Hundeführer dem Hund das Spielzeug in seine Laufrichtung. Der Hund wird also nach vorne bestätigt. Nun wird der Hund wieder vor den Sprung gesetzt. Diesmal setzt man ihn aber leicht schief vor den Sprung. Der Kopf des Hundeführers ist nach rechts ausgerichtet. Er startet wieder rechts vom Hund, schickt ihn über den Sprung und wirft das Spielzeug zur Bestätigung nach vorne in die Laufrichtung des Hundes. Diese Übung wir nun noch ein paar Male gemacht, wobei der Hund immer schiefer vor den Sprung gesetzt wird und schlussendlich nach dem Sprung ganz dicht am Sprungflügel landet. Der Hundeführer startet dabei immer rechts vom Hund. Wenn der Hund dann schon fast seitlich springt, stellt sich der Hundeführer auf die linke Seite des Hundes. Der Hund wir wieder schief über den Sprung geschickt. Der Hundeführer startet aber links von ihm und wechselt während der Sprungphase des Hundes hinter dem Hund

Der Wechsel hinter dem Hund.

durch auf die rechte Seite. Dadurch, dass der Hund schon schief über den Sprung geschickt wird, kann er nun gar nicht nach links drehen, sondern dreht automatisch nach rechts, obwohl der Hundeführer hinter ihm durch auf die andere Seite läuft. Wir arbeiten jetzt ganz langsam den Hund mit jedem weiteren Sprung zurück in seine ursprüngliche Haltung, nämlich gerade über den Sprung zu starten. Der Hundeführer bleibt dabei immer links vom Hund und wechselt während der Sprungphase auf die rechte Seite.

Am besten trainiert man die ganze Übung unter Anwendung von Richtungskommandos. So lernt der Hund gleichzeitig mit dem Wechsel des Hundeführers auch auf ein Richtungskommando zu hören, um auf die vom Hundeführer angesagte Seite zu drehen.

Oftmals sagen mir die Hundeführer, dass sie nicht mit Rechts- und Linkskommandos arbeiten können, weil sie sich das nicht merken können. Wir aber verlangen vom Hund, dass er verschiedene Geräte erlernt, dass er Wechsel lernt, dass er lernt, die Distanz zu den Sprüngen selbstständig einzuteilen. Also sollte es doch für einen Hundeführer möglich sein, in derselben Zeit Richtungskommandos zu erlernen.

Sprungkombinationen

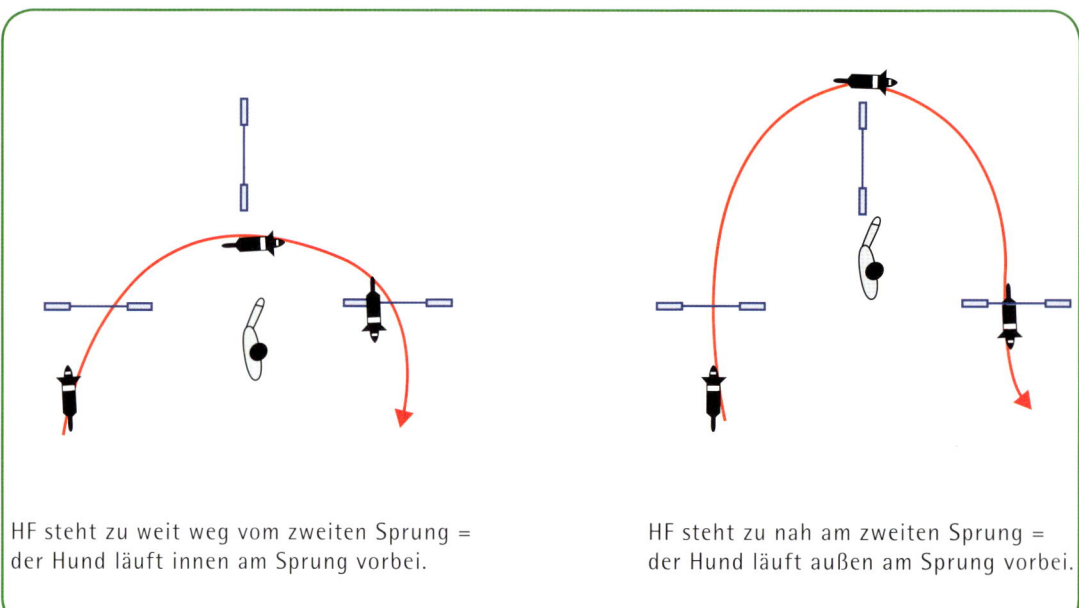

HF steht zu weit weg vom zweiten Sprung = der Hund läuft innen am Sprung vorbei.

HF steht zu nah am zweiten Sprung = der Hund läuft außen am Sprung vorbei.

Das Kleeblatt oder der Fächer.

Das »Kleeblatt« oder der »Fächer«

Der Hund soll lernen, diese Sprungkombination alleine zu arbeiten. Mit dem »Out« Kommando kann der Hund den zweiten Sprung auch alleine arbeiten, ohne dass wir ihn begleiten müssen. Bei dieser einfachen Sprungkombination lernen Sie auch die Arbeitsdistanz zu Ihrem Hund kennen. Stehen Sie zu nahe an den Sprüngen, wird der Hund außen herumlaufen, sind Sie zu weit weg, wird der Hund innerhalb der Sprünge laufen. Haben Sie erst die Arbeitsdistanz gefunden, kann diese auch eingesetzt werden, um den Hund von einem Gerät wegzuziehen oder ein Gerät anzuzeigen.

»Treppe«

Es gibt viele Hundeführer, die die Treppe in einem Winkel mit den Hunden arbeiten, dabei wäre es eigentlich nur eine Gerade. Der Hund soll auch lernen, dass er eine gerade Linie wählt, obwohl die Sprünge nicht gera-

deaus stehen. Stellen Sie zu Beginn den Hund schräg zum Sprung, so dass der Hund die gerade Linie auch wahrnehmen kann. Versuchen Sie danach, den Hund nicht in einer geraden Linie hinzustellen, da der Hund lernen soll, selber nach der Linie zu suchen.

»Welle«

Das seitliche Anspringen übe ich mit vier Sprüngen die in einer Geraden stehen. Der Hund macht dabei ein »Voran«. Man arbeitet die Sprungreihe durch und verstellt den Winkel der Sprünge bei jedem Durchgang. Der linke Flügel des Sprunges bleibt am Ort, und der rechte Flügel wird ca. zehn Zentimeter nach links oben versetzt. Nach jedem Durchgang drehen wir das rechte Seitenteil etwas mehr nach links. Der Hund wird jedes Mal mit einem »Voran« durch die Sprungreihe geführt. Die Sprünge stehen nun immer senkrechter. Es ist immer

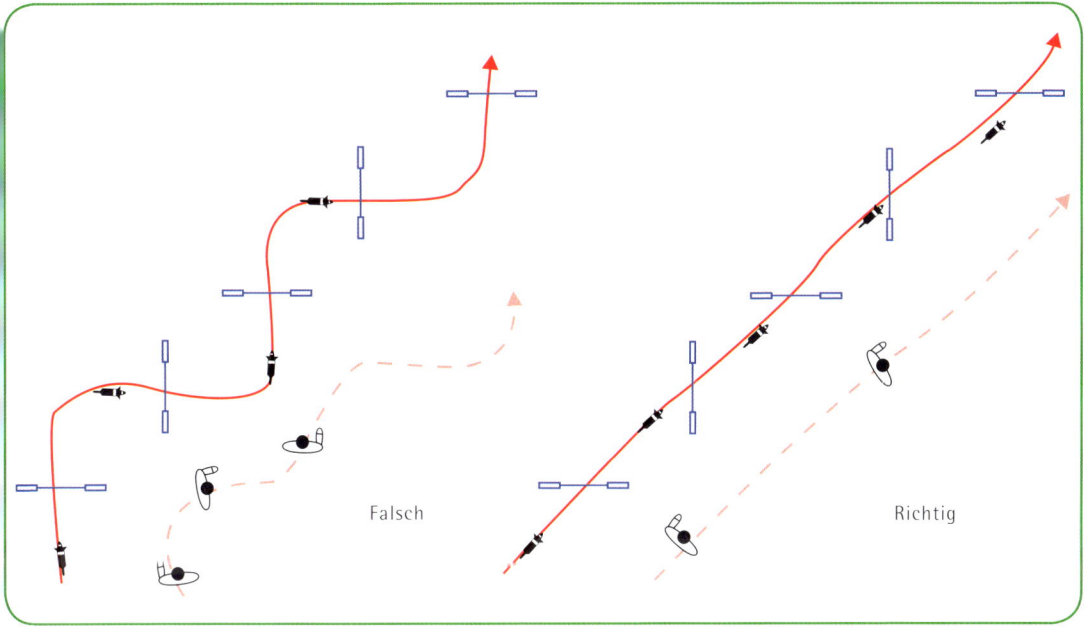

Falsch

Richtig

Die Treppe.

noch eine Gerade, aber der Hund muss sich nun immer mehr seitlich vorwärts versetzen. Am Schluss stehen die Sprünge senkrecht nebeneinander. Nun ändern wir das Voran-Kommando in das »Geh«-Kommando. Wir führen den Hund auf unserer linken Seite und schicken ihn mit der Gegenhand (rechte Hand) über den Sprung. Durch unsere Drehung mit der rechten Hand und rechter Schulter gegen den Hund, drücken wir ihn seitlich von uns weg über den Sprung. Der Hund soll dabei mit dem Körper parallel zu uns bleiben. Hund und Hundeführer arbeiten dabei immer Kopf an Kopf. Der Hund landet auf der linken Seite des ersten Sprunges und läuft weiter zum zweiten Sprung. Der Hundeführer läuft parallel zum Hund auf der rechten Seite des zweiten Sprunges entlang, macht mit der linken Schulter eine leichte Drehung vom Hund weg und kommandiert ihn mit dem Kommando »Sprung« über

den zweiten Sprung zu sich. Der Hundeführer bleibt dabei immer in einer Vorwärtsbewegung. Der Hund landet zwischen Sprung und Hundeführer. Zusammen laufen sie weiter zum dritten Sprung. Der Hundeführer dreht wieder die rechte Schulter und rechte Hand gegen den Hund und schickt ihm mit einem »Geh« über den dritten Sprung usw. Der Hundeführer läuft ca. einen Meter neben dem Sprung entlang. Bei dieser Distanz muss der Hund seitlich landen und kann sofort wieder auf den nächsten Sprung geführt werden. Ist der Abstand des Hundeführers zum Sprung zu groß, wird der Hund nicht mehr seitlich, sondern vorwärts über die Hürde springen. Er muss dadurch wieder gedreht und auf die nächste Hürde ausgerichtet werden, was einen Zeitverlust mit sich bringt oder sogar zu einer Verweigerung führen kann, weil der Hund den nachfolgenden Sprung nicht mehr oder zu spät sieht.

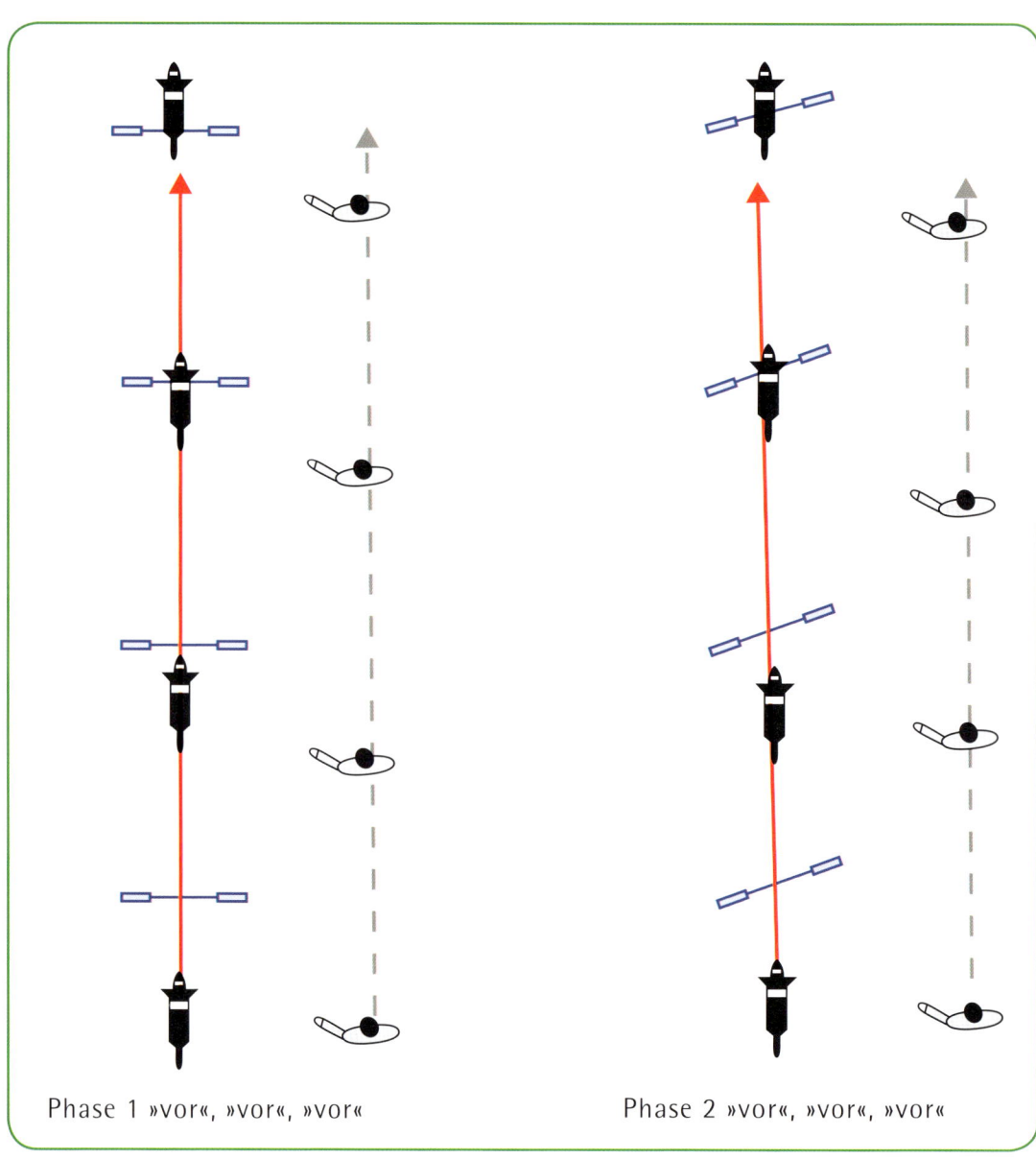

Phase 1 »vor«, »vor«, »vor«   Phase 2 »vor«, »vor«, »vor«

Die Welle, Übungsskizze 1

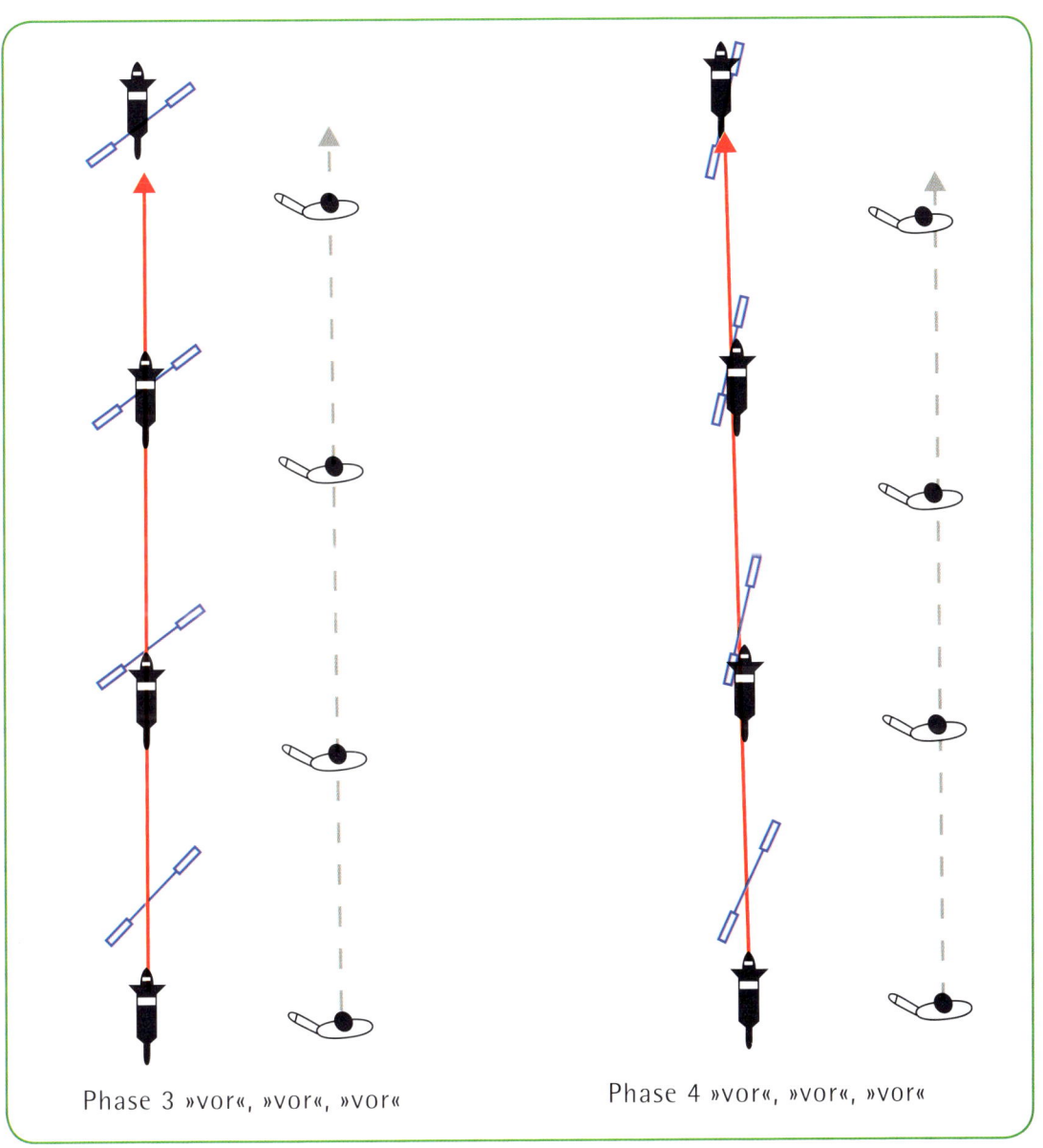

Phase 3 »vor«, »vor«, »vor«

Phase 4 »vor«, »vor«, »vor«

Die Welle, Übungsskizze 2

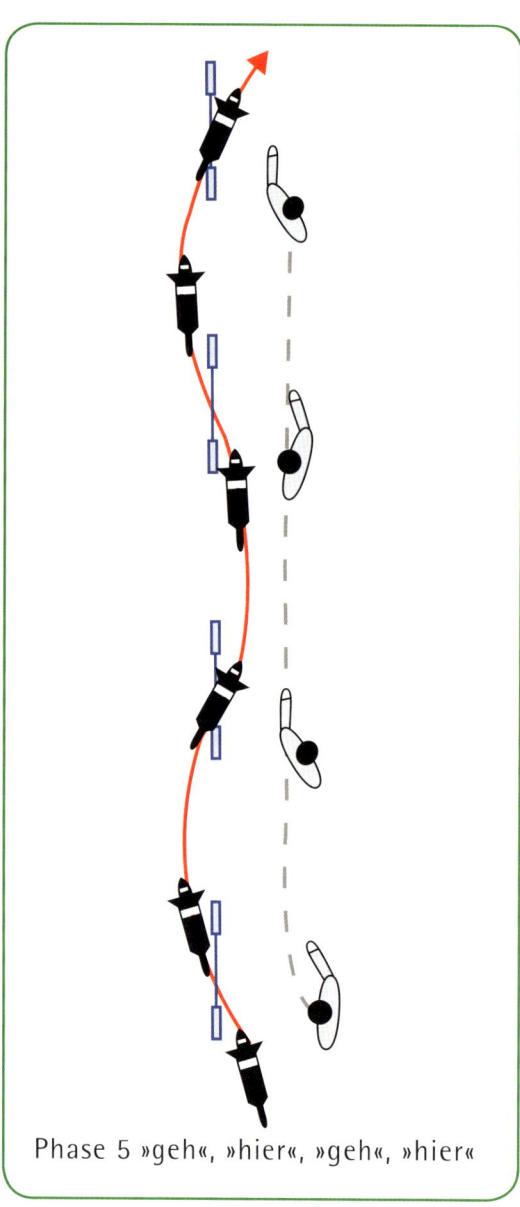

Phase 5 »geh«, »hier«, »geh«, »hier«

Die Welle, Übungsskizze 3

Das »Geh« kann überall angewendet werden, wo der Hund sich seitlich vom Hundeführer wegbewegen muss und dann in der gleichen Richtung weiterlaufen soll. Verlangt der Parcours eine Richtungsänderung, arbeitet man mit einem Richtungskommando und nicht mit dem »Geh«. Das »Geh« wird also nur dort angewandt, wo eine seitliche Vorwärtsverschiebung verlangt wird. Um dem Kommando »Geh« etwas Nachdruck zu verleihen, benützt man dabei immer die Gegenhand. Mit der Gegenhand dreht sich unweigerlich die Gegenschulter etwas gegen den Hund. Der Hund weicht dabei vom Hundführer, weil dessen ganzer Oberkörper gegen ihn drückt. Bei sehr weichen, führigen Hunden braucht das nur eine kurze Andeutung der Drehung. Bei stärkeren oder respektloseren Hunden braucht es eine stärkere Drehung, was sogleich mehr Körperdruck mit sich bringt.

Egal auf welcher Körperseite der Hund sich seitlich verschiebt, das Kommando bleibt gleich.

Die Handlung des Hundes bleibt ja die Gleiche, er soll sich einfach seitlich vom Körper des Hundeführers parallel zur Seite bewegen.

Wenn der Hund nicht in einem optimalen Winkel auf die »Welle« kommt, ist es oft von Vorteil, den Hund mit einem »Engländer« auf die optimale Linie zu bringen.

Schlechte Führung mit großen Bögen.

Gute, enge Führweise.

»Welle« mit Zwischendurchziehen

Hunde lernen die »Welle« »auswendig«. Bei meinen Hunden braucht es auf der »Welle« gar keine Hilfestellung mehr, sie kennen die Kombination und wissen auswendig, was verlangt wird. Wenn ich also jetzt davon ausgehe, dass Hunde etwas auswendig lernen können, kann ich ja auch die Welle rückwärts auswendig lernen. Wenn ich also den Hund zwischen den Sprüngen durchziehen möchte, laufe ich rückwärts und arbeite mit der Hand, welche dem Hund am nächsten ist. Mit dem Handtarget »Tschig-Tschig-Tschig« kommt er zwischen den Hürden durch und mit einer schwungvollen Bewegung der Hand sende ich den Hund über den Sprung.

Nicht ganz so einfach wie das einfache Rückwärtsgehen ist es mit zwei halben »Belgiern«. Wenn wir davon ausgehen, dass unsere Füße immer in die Richtung laufen sollten, in welcher sich auch der Hund bewegt, braucht der Hund eine halbe Drehung des Hundeführers, um zu wissen, dass es eben nicht der Sprung ist, sondern dass er den Zwischenraum nehmen soll. Die Füße sollen immer den Winkel anzeigen, welchen der Hund nehmen soll. Versuchen Sie dabei nahe an den Sprüngen zu bleiben. Wenn Sie zu weit weggehen, kann es sein, dass Sie beim dritten Sprung den Hund nicht mehr über die Hürde bringen.

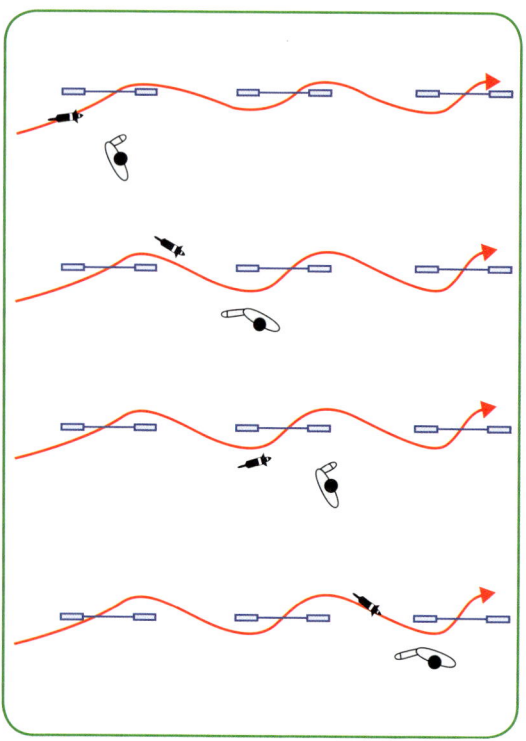

Führvariante 1:

Welle mit Zwischendurchziehen.

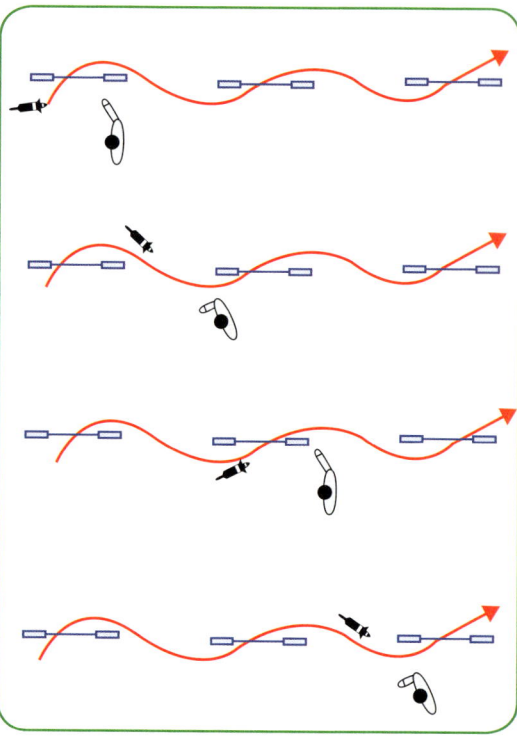

Führvariante 2 (nur Rückwärtsgehen):

Welle mit Zwischendurchziehen.

»Box«

Als Box bezeichnet man die Anordnung von vier und mehr Geräten zu einem Viereck oder Rechteck, welches man während des Parcoursverlaufs durchqueren muss. Dabei muss man die Linie des Hundes und die Linie des Hundeführers genauestens berechnen, damit man nicht in die Lauflinie des Hundes kommt, und ihn dadurch auf ein falsches Gerät schickt. Der Hund soll, bevor er in die »Box« hineinspringt, schon auf das nächstfolgende Gerät eingedreht werden. Er wird mit der Führhand geführt und mit einem »Hier-Hier-Hier«-Kommando darauf aufmerksam gemacht, dass er dicht am Bein bleiben soll, bis der Hundeführer ihn ausgerichtet hat, und ihn wieder aufs nächste Geräte vorschicken kann. In der »Box« bleiben die Arme immer am Körper und werden am Körper entlanggeschoben, um das zu absolvierende Gerät anzuzeigen.

Die »Doppelbox« aus sieben Sprüngen ist eine Gerätekonstellation, auf der man fast jeden Wechsel trainieren kann. Mit einer »Doppelbox« kann man unendlich viele Übungen machen. Stellt man noch einen oder zwei Tunnel dazu, kann man sich wochenlang mit diversen Sequenzen beschäftigen.

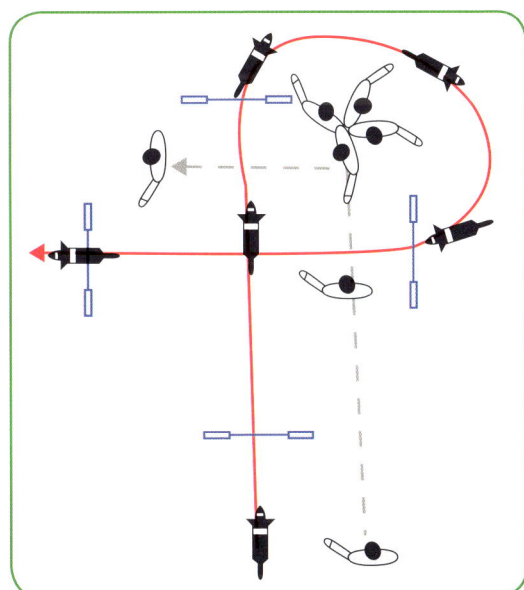

Einfache Box.

Führvariante 2 (nur Rückwärtsgehen):
Welle mit Zwischendurchziehen.

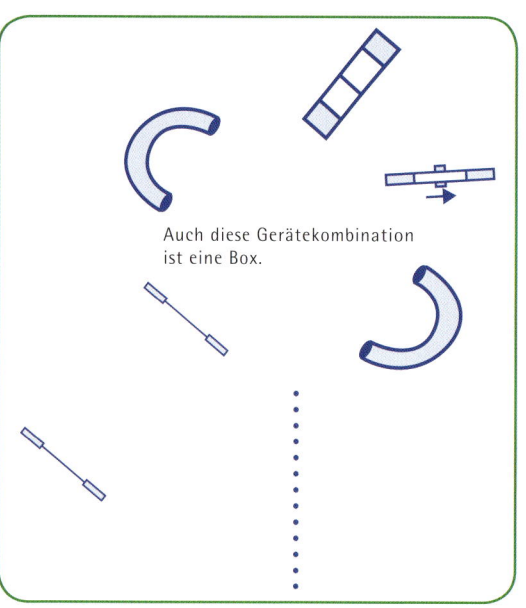

Auch diese Gerätekombination
ist eine Box.

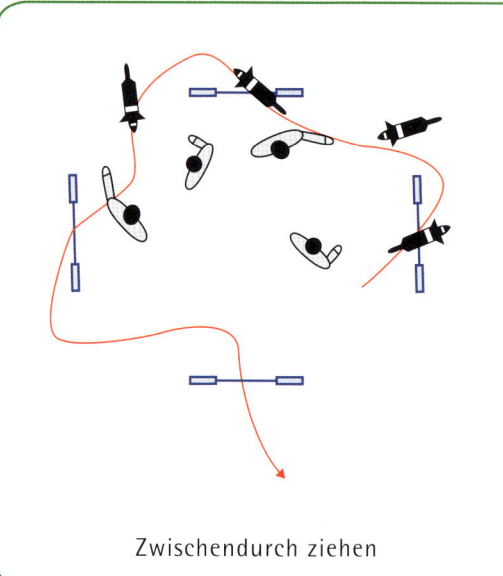

Zwischendurch ziehen

4
Belgier
3
8
5
2
1
7
6

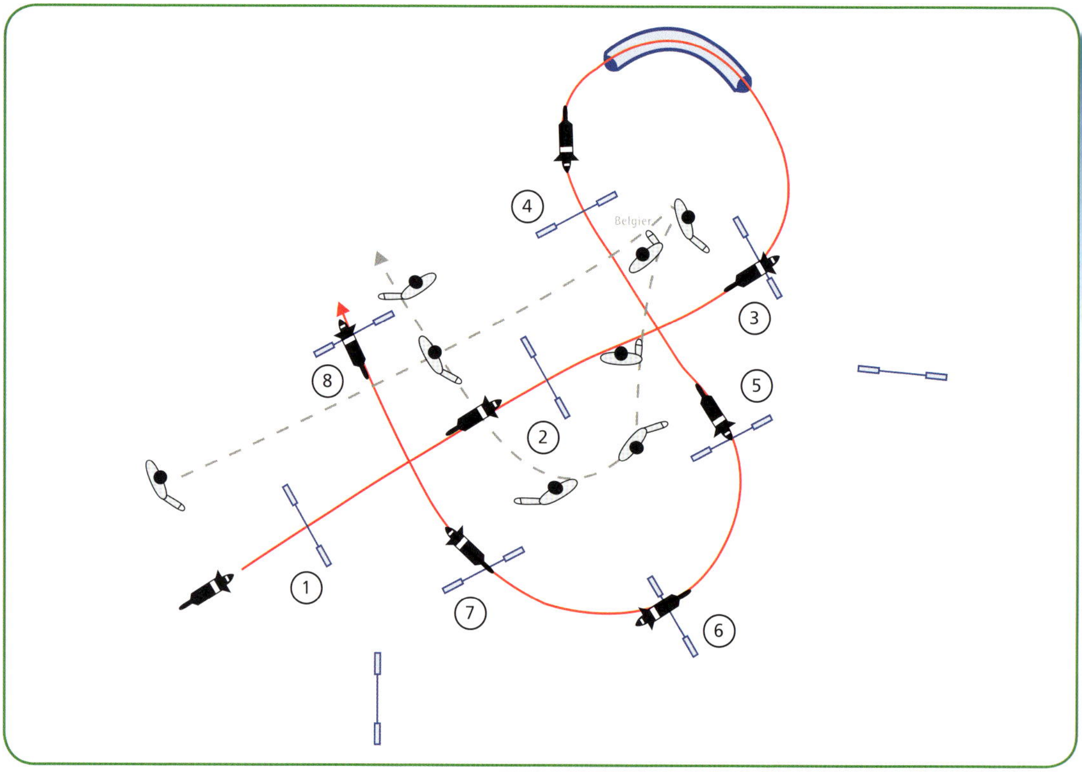

Übungsvariante Doppelbox

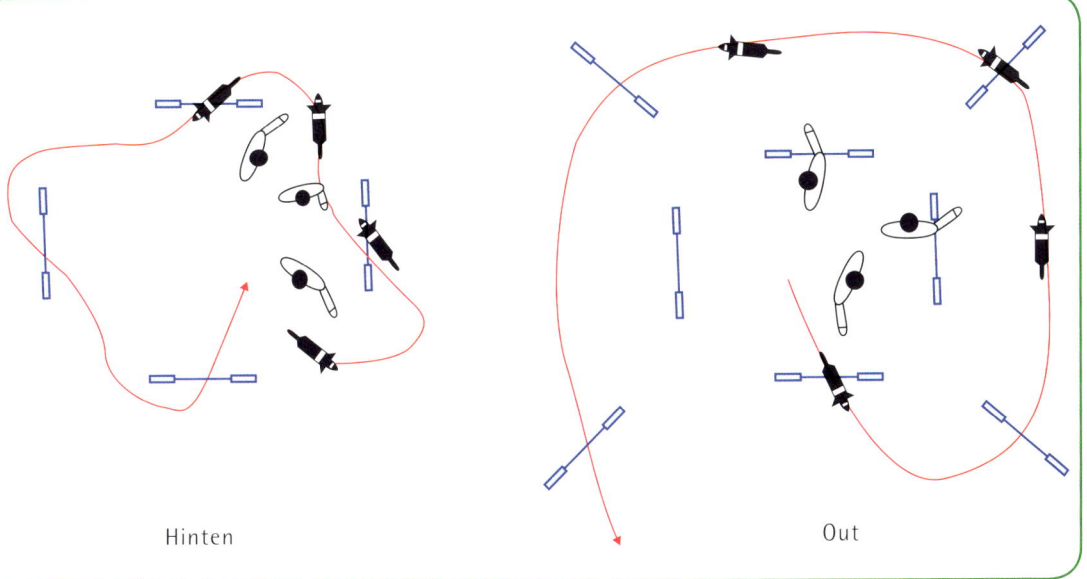

Hinten   Out

Bei der »Box« kann auch das »Zwischendurch«, das »Hinten« oder das »Out« geübt werden.

Sensibilisierung auf Winkel

Wie bereits im Kapitel III beschrieben, ist es wichtig, dass der Hund nicht in der Landung noch abrupt eindrehen muss.

»V–Abrufen«

Wenn der Hund beim Start schon so steht, dass er bereits die Verleitung sieht, hat er viel zu lange Zeit, diese zu fixieren. Wenn der Hund aber in einem Winkel zum ersten Sprung steht, fliegt er ja auch in einem Winkel über den Sprung. Der Hund steht also in einem Winkel (so dass es zwischen dem ersten und dem zweiten Hindernis ein V ergibt) und der Hundeführer stellt sich zwischen die beiden Geräte und ruft den Hund ab. Der Hund springt über das erste Gerät und läuft danach eng um die Beine des Hundeführers und springt die zweite Hürde in einem solchen Winkel, dass er nur das richtige Gerät vor der Nase hat. Der Winkel wird dadurch bestimmt, wie der Hund das nachfolgende Gerät überspringen soll. Diese Variante ist gelenkschonender und schneller, als wenn der Hund gerade

aus springt und dann fast zum Stillstand kommt und danach wieder mühsam angaloppieren muss. (Siehe Zeichnung Seite 128)

Erinnern Sie sich, wie schnell die Entscheidung des Hundes gefällt wird, welches Gerät er nehmen wird?

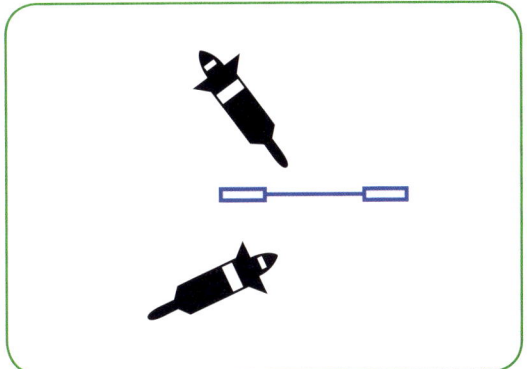

Bis zu einem gewissen Grad sind für den Hund Drehungen über dem Sprung möglich. Es ist aber anatomisch unmöglich, dass der Hund auf dem Sprung um 90 Grad dreht

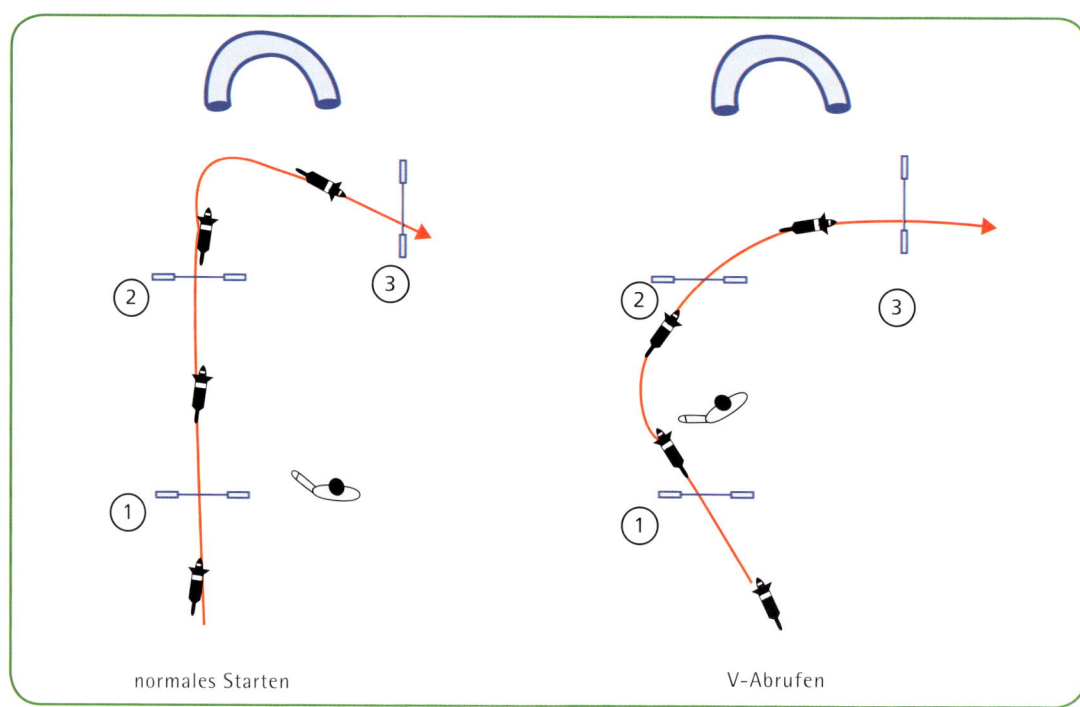

normales Starten   V-Abrufen

Das V-Abrufen

Linien suchen

Das Wichtigste ist, dass Sie wissen, wo der Parcours lang-geht. Als Zweites überlegen Sie bitte, was der Hund sieht, wo er springt usw. Jetzt sieht der Hund bei allen Übungen immer Verleitungen und falsche Geräte oder springt an den Geräten vorbei. Versuchen Sie sich nun die ideale Linie vorzustellen, die der Hund nehmen soll. Dabei gilt es zu beachten, dass der Hund nur bis zu einem gewissen Punkt auf dem Gerät drehen kann, das heißt, es ist für ihn unmöglich, einen rechten Winkel, etc. zu springen; dies ist nun mal ein physikalisches Gesetz.

Damit der Hund eben nicht in die falsche Richtung springt, können Sie ihn vor dem Absprung schon in den richtigen Winkel eindrehen. Nun suchen Sie die optimale Linie, auf der er laufen soll. Jetzt stellen Sie sich die Frage, wo Sie stehen müssen, um den Hund auf die Ideallinie zu bringen. Auf diese Weise sollte man sich einen Parcours anschauen.

Parcoursbegehung

Beim ersten Durchgang stellen Sie einfach nur fest, wo der Parcours verläuft. Bei der zweiten Begehung stellen Sie sich vor, was der Hund sieht (gehen Sie auch einmal bei einem Tunnelausgang auf die Knie und schauen Sie, was er sieht) und was er sehen sollte. Wie bringen Sie den Hund nun auf die Ideallinie?

Der Parcours hat einige Fixpunkte wie »Inselchen« (dies sind schwierige Situationen, in denen es wichtig ist, wie der Hundeführer führt und steht). Es kann sein, dass es zwei oder drei wirklich schwierige Situationen hat. Versuchen Sie diese Situation »führtechnisch« zu lösen. Danach versuchen Sie, diese »Inselchen« oder Fixpunkte miteinander zu verbinden. Dann müssen Sie vielleicht einen »unnötigen« Wechsel einschieben, um beim nächsten Inselchen auf der richtigen Seite zu sein. Wenn Sie irgendwo unsicher sind, gehen Sie die Stelle mehrmals ab, bis Sie die Abläufe, Distanzen ...

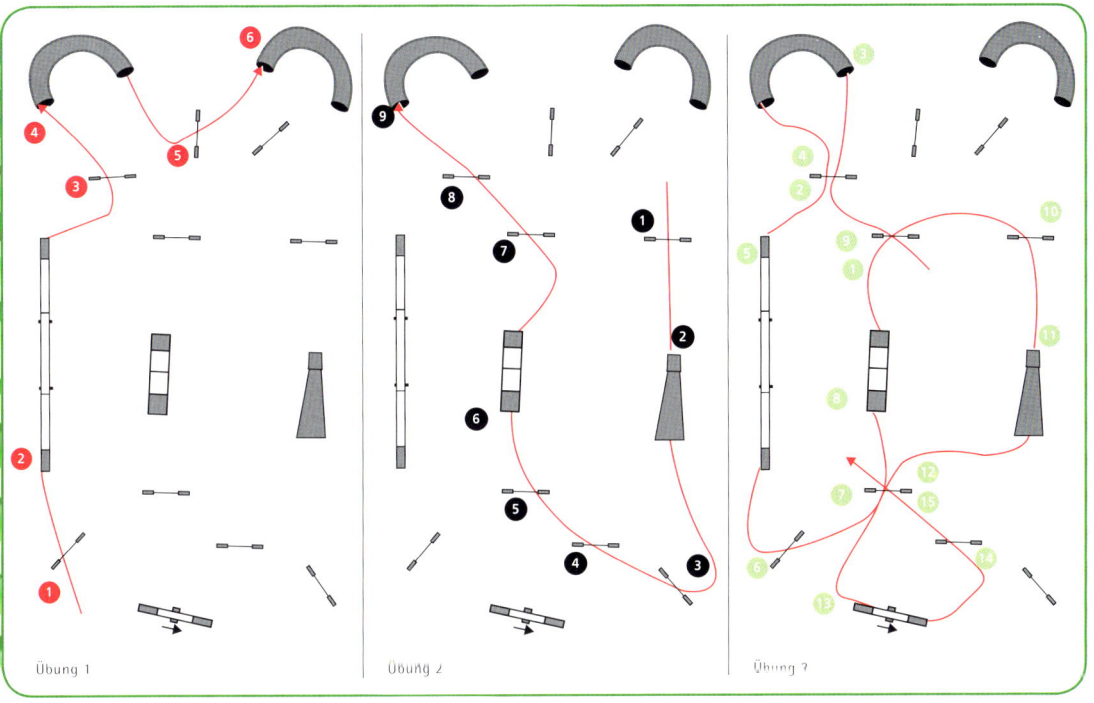

Übung 1   Übung 2   Übung 3

Linien suchen

spüren und automatisiert haben. Als letztes visualisieren Sie den Lauf. Es gibt nun zwei Arten: Die einen sehen sich selbst und den Hund, wie wenn man ein Video anschaut, die anderen sehen alles aus der Perspektive des Hundeführers, so wie er es nachher auch im Lauf antrifft. Es ist keine Methode besser oder schlechter. Es ist aber wichtig, dass Sie mit geschlossenen Augen genau wissen, wo es lang geht. Versuchen Sie nun den Parcours auf ca. drei Quadratmetern abzugehen. Starten Sie in der gleichen Richtung wie der erste Sprung wäre, so können Sie immer wieder spicken, ob Sie den Winkel immer noch einhalten. Nun schließen Sie die Augen und versuchen, mit allen Kommandos, Armbewegungen, Drehbewegungen, etc. den Parcours auf einem kleineren Stück zu simulieren. Wenn Sie den Parcours blind kennen, ist die Wahrscheinlichkeit,

sich zu verlaufen, viel kleiner. Zudem unterstützen Sie sich positiv in Ihrer mentalen Vorbereitung.

Achten Sie beim Parcourstraining immer darauf, dass die Teams nicht nur 20 Geräte laufen. Sehr oft geht es am Ende des Parcours schief, weil Hund und Hundeführer physisch oder psychisch keine oder zu wenig Kondition aufweisen. Also sollen die Teams im Training gewohnt sein, 30 Geräte zu absolvieren. Sie haben es dann im Wettkampf unter der zusätzlichen nervlichen Belastung einfacher, die 20 Geräte fehlerfrei »nach Hause zu bringen«.

VI. Problembewältigung

(nach Alexandra Roth)

Dieses Kapitel ist dazu gedacht, diverse festgefahrene »Fehler« zu beheben. Es handelt sich dabei um gesammelte Tipps und Tricks, die ich in meiner Agility-Laufbahn gehört, oder die ich selbst ausgetüftelt habe. Oft ist der Clicker erwähnt. Bitte besuchen Sie vor der Arbeit einen Clickerkurs, oder lesen Sie Bücher über diese Ausbildungsmethode. Wichtig jedoch ist, dass auf ein Click immer eine Bestätigung folgt, und dass der Click die Übung beendet.

Zonengeräte (Wand und Steg)

Aufgänge

Immer wieder stelle ich fest, dass der Hund dazu konditioniert wurde, den Aufgang zu springen. Aus lauter Angst, dass der Hund den Aufgang verpassen könnte, wird ein riesiges Problem daraus gemacht. Wenn der Hund ausgebremst wird, kann es sein, dass er genau deshalb einen größeren Satz nimmt und nicht mehr in die Aufgangszone steht. Dem Hund wurde nun beigebracht, seine Galoppsprünge vor dem Gerät zu verkürzen und in der Phase der Beschleunigung (auf dem Gerät) größere Galoppsprünge zu machen. Genau dieser Ablauf ist das, was wir nicht haben möchten. Überspringt ein Hund einmal von zehn den Aufgang, würde mich dies nicht interessieren, da ich durch zu viel Üben auch Zonenfehler antrainieren kann. Auch kommt es meist auf den Winkel an, mit welchem der Hund die Zonen betritt. Finden Sie heraus, bei welchen Distanzen und bei welchen Winkeln der Hund überhaupt springt, und konzentrieren Sie sich nur auf die Winkel, welche dem Hund auch Probleme verursachen.

Eventuelle Lösungsvorschläge:
Spielen auf der Zone:
Setzen Sie Ihren Hund einige Meter vom Laufsteg hin und lassen ihn warten. Sie selber setzen sich auf den Laufsteg und zwar oberhalb der Zone. Rufen Sie nun Ihren Hund zu sich. Er wird jetzt mit den Vorderpfoten mitten in die Zone stehen. Spielen Sie ausgiebig mit Ihrem Hund. Die meisten Hunde möchten so schnell wie möglich ans Ende des Laufsteges. Mit dieser Übung wird dem Hund vermittelt, dass es auch Spaß macht, sich für den Aufgang zu interessieren. Wenn diese Übung einige Male absolviert wurde, sitzen Sie nicht mehr auf der Zone, sondern stehen daneben und schauen in Richtung des Hundes. Die Übung bleibt genau die Gleiche, sobald der Hund die Aufgangszone erreicht hat: Spielen Sie mit ihm wiederum ausgiebig und lassen ihn nicht den ganzen Laufsteg absolvieren. Als weiterer Schritt stehen Sie so, dass Sie in die gleiche Richtung stehen, in der der Hund steht. Manchmal spielen Sie mit dem Hund und manchmal lassen Sie ihn den Laufsteg machen. So weiß der Hund nie, was ihn erwartet.

Nachteil: Diese Übung eignet sich vor allem für junge Hunde, die noch gar nicht die ganzen Geräte kennen und für Hunde, die nicht wirklich ein Zonenproblem haben, sondern ab und zu diese nicht treffen. Für Hunde, die ein wirkliches Problem haben (also regelmäßig die Zone springen) ist diese Übung etwas zu inkonsequent.

Blockieren:
Einen Augenblick bevor der Hund auf die Zone trifft, dreht sich der Hundeführer kurz gegen den Hund. Mit dieser Körperbewegung wird der Hund für einen Moment gebremst und bricht seinen Galopp oder ändert kurz die Gangart und wird so in die Zone stehen.
Nachteil: Diese Variante ist extrem davon abhängig, ob der Hundeführer im richtigen Moment die Drehung absolviert. Ist das Timing nicht richtig und der Hund wird beispielsweise zu früh gebremst, wird er erst recht nicht in die Zone stehen. Der Hundeführer muss immer vor dem Hund sein.

Handtarget:

Bringen Sie Ihrem Hund bei, auf ein Kommando die flache Hand zu berühren. Mit diesem Kommando können Sie den Hund vor der Zone abbremsen. Im Training soll der Hund die Hand immer berühren, im Wettkampf ziehen Sie diese weg, kurz bevor der Hund diese berührt.

Nachteil: Der Hundeführer muss immer vor dem Hund sein. Das Team läuft Gefahr, dass der Hund im Wettkampf tatsächlich die Hand berührt und einen Fehler einstecken muss.

Galoppsprung brechen:

Wenn der Hund auf den Aufgang zugeht, bleibt man einen Moment zurück und bleibt stehen. Dies bewirkt beim Hund, dass er seinen Galoppsprung bricht, d.h. durch seine Reaktion wird er einen kleineren Galoppsprung machen und diesen somit genau in die Aufgangszone springen. Wenn der Hundeführer vor dem Hund bei der Zone ist, kann er sich gegen den Hund drehen. Kurz bevor der Hund das Zonengerät betritt, macht der Hundeführer einen »Handkantenschlag« mit der Hand, die näher beim Gerät ist. Der Hund wird auch mit dieser Variante reagieren und den Galoppsprung verkürzen. Zusätzlich kann man mit einem Kommando diesen Vorgang unterstützen.

Nachteil: Der Hund kann mit dieser Variante dazu konditioniert werden, die Zone jedes Mal zu überspringen. Wenn das Timing des Hundeführers nicht ganz genau stimmt, wird der Hund trotzdem die Zone überspringen. Vor allem große Hunde lernen, vor dem Gerät zu bremsen. Dadurch, dass sie das Gerät wieder anlaufen möchten, machen sie in der Beschleunigungsphase größere Galoppsprünge. Somit ist die Wahrscheinlichkeit, dass die Zone übersprungen wird, noch größer. Nichtsdestotrotz kenne ich Teams, die mit dieser Methode ihre ganze Agility-Karriere überstanden haben.

Taktstange:

Beobachten Sie erst den Hund und merken Sie sich genau die Stelle, bei welcher der Hund mit den Vorderläufen als Letztes den Boden berührt. Genau an diese Stelle legen Sie nun ein Stück Plastikrohr oder ein Holzstück (diese Methode ist ähnlich wie beim Springreiten mit den Sprüngen). Der Hund wird durch diese Methode seinen Automatismus verändern, da er nicht auf diesen Gegenstand treten möchte. Er wird in der Anlaufphase seine Galoppsprünge anders einzuteilen lernen und wird somit die Zone treffen.

Nachteil: Auch wenn diese Möglichkeit bei jedem Training angewandt wird, kann es sein, dass der Hund ohne Holz wieder in seinen alten Rhythmus zurückfällt und somit wieder die Zone überspringt. Da ich das Prinzip vertrete, dass im Training und im Wettkampf (vor allem optisch) dieselben Bedingungen herrschen sollten, wird der Hund sich eventuell auf eine optische Bedingung einstellen, die im Wettkampf wegfällt, und somit kann die Methode vielleicht nicht funktionieren.

Rohr auf der Zone:

Auf der Zone wird ein Rohr montiert und mit Gummizug hinten zusammengehalten. Das Rohr wird genau dort montiert, wo der Hund auf dem Laufsteg landet. Somit muss der Hund seinen Galoppsprung ändern, um an dem Rohr vorbeizukommen. Er wird ihn verkürzen und dadurch auf der Zone landen.

Nachteil: Wie bei der Taktstange beschrieben.

»Hoop«:
Ein Bogen zum Beispiel aus PVC-Rohr wird beim Aufgang hingestellt. Dieser wird so hoch gewählt, dass der Hund sich etwas (nicht zu viel) ducken muss. Dadurch ist es gar nicht möglich, den Aufgang zu überspringen. Die Duckbewegung wird jedes Mal geclickt, so dass der Hund diese Bewegung automatisiert. Er wird in dieser Körperhaltung auf die Zonengeräte kommen und somit den Aufgang treffen.
Nachteil: Wie bei der Taktstange beschrieben.

Sprung:
Ein Sprung wird auf minimaler Höhe so hingestellt, dass der Hund dadurch, dass er ihn überspringt in der Kontaktzone landet. Aber auch hier liegen wieder dieselben Nachteile vor, wie bei allen Methoden mit optischen Bedingungen.

Futter:
Futter wird auf den Aufgang gelegt. Beachten Sie bitte, dass das Futter nicht zu weit unten liegt, sonst wird der Hund mit den Vorderläufen auf dem Boden stehen und, nachdem er das Futter gefressen hat, einen Riesensatz machen und die Zone überspringen.
Nachteil: Hunde sind nicht dumm. Da es auf dem Turnier nie Futter hat, wird sich der Hund genau dies merken. Er wird vielleicht im Training das Futter fressen, aber auf dem Turnier den Aufgang unter Umständen ignorieren.

Target:
Dem Hund wird beigebracht, mit der Pfote ein Stück Teppich zu berühren. Dies wird nun auf der Zone angebracht. Der Hund soll jetzt seinen Galoppsprung so einteilen, dass er dieses Teppichstück berührt. Der Teppich wird nach und nach verkleinert, aber der Hund jedes Mal für das Berühren der zum Beispiel ersten Klimmlatte geclickt. Somit ist dies eine Möglichkeit, dass der Hund im vollen Galopp in die Zone laufen kann.
Nachteil: Bei nicht konsequenter Ausführung wird der Hund den Aufgang bald wieder überspringen.

»Two on two off«:
Sowie der Hund beim Abgang mit zwei Pfoten auf dem Boden und mit zwei Pfoten auf dem Gerät stehen soll, wird dies genau gleich gehandhabt beim Aufgang, nur andersrum. Bei jedem Betreten des Geräts wird der Hund genau in dieser Position angehalten. Der Hund wird schon mit den Vorderpfoten auf den Laufsteg gestellt, und so wird nur der Laufsteg gemacht. Danach stellt sich eine Hilfsperson hin und füttert den Hund auf der gewünschten Stelle oder es kann auch mit dem Target kombiniert werden, bis der Hund weiß, wo er welche Position einnehmen soll. Diese Position wird mit einem Kommando wie »Steh« unterstützt.
Nachteil: Eine der langsameren, aber dafür sicheren Methoden.

Gangartwechsel:
Dem Hund wird mit einem Kommando beigebracht, vom Galopp in den Trab zu wechseln. Dies bringt man dem Hund am besten an der Leine und ganz ohne Geräte bei. Der Hund lernt auf ein Kommando hin, die Gangart zu verlangsamen, sei dies nun vom Trab in den Schritt oder in einen langsameren Trab. Bevor der Hund das Gerät betritt, gibt man ihm das Kommando, somit wird der Hund langsamer oder fällt in den Trab und kommt automatisch in die Zone.
Nachteil: Der Hund kann eventuell zu früh die Gangart wechseln, was sich schlussendlich auf die Zeit auswirken wird.

Blockieren:

Setzen Sie den Hund ab und lassen ihn warten oder durch den Übungsleiter festhalten. Nun setzen Sie sich auf die Kontaktzone mit dem Gesicht zum Hund. Jetzt wird der Hund durch den Hundeführer zu sich gelockt und im Moment, in dem er auf die Zone springt, mit Spielzeug oder Futter bestätigt. Lassen Sie sich Zeit und spielen mit dem Hund oder füttern ihn. Somit wird auch einmal die Aufmerksamkeit auf die Aufgangszone gelegt.

Nachteil: Dies ist keine wirkliche Methode, um dem Hund das Springen abzugewöhnen, sondern sie dient lediglich dazu, ihm bewusst zu machen, dass auch der Aufgang wichtig ist. Einige Hunde lassen sich dazu verleiten, den Aufgang abzuarbeiten.

Sprungausleger (-flügel):

Vielen Hunden ist gar nicht bewusst, dass es auch wichtig ist, den Aufgang zu berühren, da die ganze Aufmerksamkeit auf dem Abgang liegt. Links und rechts des Aufganges werden Sprungflügel hingestellt. Auch bei einem geraden Anlauf wird der Hund aufgrund des »Trichters« etwas verlangsamen, da er nicht einfach »volle Kanne« durchrennen kann. In genau dem Moment, in dem der Hund den Aufgang berührt, wird er geclickt. Mit dieser Methode ist es auch möglich, dem Hund beizubringen, die Laufstegaufgänge selbst zu suchen. Auf diese Weise wird der Hund lernen, dass das Gerät einen Anfang und ein Ende hat.

Nachteil: Dies ist keine wirkliche Methode, dem Hund das Springen abzugewöhnen, sondern dient lediglich dazu, ihm bewusst zu machen, dass auch der Aufgang wichtig ist. Einige Hunde lassen sich dazu verleiten, den Aufgang abzuarbeiten.

Die Aufgänge selbständig suchen mit Sprungauslegern

Abgänge

Eigentlich sind alle Methoden, die vorher beim Aufgang beschrieben wurden, auch beim Abgang durchführbar.

Als ich einmal in Amerika ein Seminar mit amerikanischen Übungsleitern geleitet habe, haben wir folgenden Test gemacht:
Das Gelände war zwar flach, aber von einem steilen Abhang (der mit Rasen bepflanzt war) umgeben. Nun spielten dort drei Border Collies und ebenso viele Jack Russel Terrier. Keinem der Hunde wäre es in den Sinn gekommen, den Abhang hinunter mit einem Sprung zu bewältigen, sondern sie sind alle runter gelaufen. Stelle man aber einen Tunnel unten hin, fingen die Hunde den »Abgang« plötzlich an runter zu springen, also zog das nächste Gerät den Hund magisch an.
Hunde, die nun die Zonen im Training »hammermäßig« machen, aber beim Wettkampf ständig wegspringen, sollten anders trainiert werden. Das Training sollte für den Hund immer erschwerte Bedingungen beinhalten als der Wettkampf. Somit ist die Aufregung wegen anderer Hunde und der Stress, der vom Hundeführer kommt, für den Hund ein Pappenstiel, wenn dafür zum Beispiel das Zonensystem erleichtert wird.

Galoppsprung brechen:
Wenn der Hund auf den Abgang zugeht, bleibt man einen Moment zurück und bleibt stehen. Dies bewirkt beim Hund, dass er seinen Galoppsprung bricht, das heißt, durch seine Reaktion wird er einen kleineren Galoppsprung machen und diesen somit genau in die Abgangszone springen. Wenn der Hundeführer vor dem Hund bei der Zone ist, kann er sich gegen den Hund drehen. Zusätzlich kann man auch mit einem Kommando diesen Vorgang unterstützen.
Nachteil: Der Hund kann mit dieser Variante dazu konditioniert werden, die Zone jedes Mal zu überspringen. Wenn das Timing des Hundeführers nicht ganz genau stimmt, wird der Hund trotzdem die Zone überspringen. Der Hundeführer wird dazu »versklavt«, immer bei der Zone zurückzubleiben. Je nach Parcoursverlauf ist diese

Methode wenig sinnvoll und Fehler in der Parcoursfolge sind vorprogrammiert.

»Hoop«:
Ein Bogen aus PVC-Rohr wird beim Abgang hingestellt. Dieser wird so hoch gewählt, dass der Hund sich etwas (nicht zu viel) ducken muss. Dadurch ist es gar nicht möglich, die Zone zu überspringen. Die Duckbewegung wird jedes Mal geclickt, so dass der Hund diese Bewegung automatisiert, in dieser Körperhaltung auf die Zonengeräte kommt und somit die Zone treffen wird.
Nachteil: Dieser Bogen muss abgebaut werden und ist optisch ersichtlich. Steht dieser dann nicht bei der Zone, kann es sein, dass der Hund nicht in die erwünschte Duckhaltung kommt.

Futter:
Futter wird auf die Abgangszone gelegt, dadurch wird der Hund gebremst.
Nachteil: Hunde sind nicht dumm, und da es auf dem Turnier nie Futter hat, wird sich der Hund genau dies merken. Er wird vielleicht zu Beginn im Turnier das Futter noch suchen, aber da seine Suche ohne Erfolg ist, die Zone unter Umständen ignorieren.

Futter in der Hand:
Der Hundeführer hat Futter in der Führhand. Hat er dieses in der Gegenhand, kippen die Hunde oft auf der Zone seitlich mit den Hinterläufen weg. Auch ist es auf diese Weise schwierig je nach Parcoursverlauf nach der Zone, das nächste Gerät anzuzeigen. Der Hundeführer »zieht« den Hund nun mit dem Futter in der Hand über die Zone. Der Hund wird der Hand folgen und somit die Zone treffen. An einem Wettkampf kann der Hundeführer die Hände vor dem Lauf mit Würsten »einreiben«, damit der Hund denselben Geruch wie im Training vorfindet.
Nachteil: Der Hundeführer muss immer vor dem Hund sein, sonst wartet der Hund entweder oder er springt die Zone. Wenn die Hand nicht wirklich entlang der

Zone geführt und zu früh wieder hochgehoben wird, um das nächste Gerät anzuzeigen, wird der Hund eventuell springen.

Target:
Dem Hund wird beigebracht, mit der Pfote ein Stück Teppich zu berühren. Dies wird nun auf der Zone angebracht. Der Hund soll nun seinen Galoppsprung so einteilen, dass er dieses Teppichstück berührt. Der Teppich wird nach und nach verkleinert, aber der Hund jedes Mal für das Berühren der zum Beispiel letzten Klimmlatte geclickt. Somit ist dies eine Möglichkeit, dass der Hund im vollen Galopp in die Zone laufen kann.

Nachteil: Bei nicht konsequenter Ausführung wird der Hund die Zone bald wieder überspringen.

»Two-on-two-off«:
Der Hund soll beim Abgang mit zwei Pfoten auf dem Boden und mit zwei Pfoten auf dem Gerät stehen. Eine Hilfsperson stellt sich hin und füttert den Hund auf der gewünschten Stelle, oder es kann auch mit dem Target kombiniert werden, bis der Hund weiß, wo er welche Position einnehmen soll. Diese Position wird mit einem Kommando wie »Steh« unterstützt. Dies ist die geläufigste und sicherste Variante von Zonenarbeit. Der Aufbau dieser Methode wird beim Geräteaufbau erklärt.

»Two-on-two-off«

Gangartwechsel:

Dem Hund wird mit einem Kommando beigebracht, vom Galopp in den Trab zu wechseln. Dies bringt man dem Hund am besten an der Leine und ganz ohne Geräte bei. Der Hund lernt auf ein Kommando hin, die Gangart zu verlangsam, sei dies nun vom Trab in den Schritt oder in einen langsameren Trab. Bevor der Hund die Abgangszone betritt, gibt man ihm das Kommando, somit wird der Hund langsamer oder fällt in den Trab und kommt automatisch in die Zone.

Nachteil: Der Hund kann eventuell zu früh die Gangart wechseln, was sich schlussendlich auf die Zeit auswirkt.

Blockieren:

Kurz bevor der Hund auf die Zone trifft, dreht sich der Hundeführer kurz gegen den Hund. Mit dieser Körperbewegung wird der Hund für einen kurzen Moment gebremst und bricht seinen Galopp, oder ändert kurz die Gangart und wird so in die Zone stehen.

Nachteil: Diese Variante ist extrem davon abhängig, ob der Hundeführer im richtigen Moment die Drehung absolviert. Ist das Timing nicht richtig und der Hund wird beispielsweise zu früh gebremst, wird er erst recht nicht in die Zone stehen, weil er den Druckbereich möglichst schnell verlassen möchte. Der Hundeführer muss immer vor dem Hund sein.

Handtarget:

Bringen Sie Ihrem Hund bei, auf ein Kommando die flache Hand zu berühren. Mit diesem Kommando können Sie den Hund auf der Zone abbremsen und im Training soll der Hund die Hand immer berühren. Im Wettkampf ziehen Sie diese weg, kurz bevor der Hund diese berührt.

Nachteil: Der Hundeführer muss immer vor dem Hund sein. Das Team läuft Gefahr, dass der Hund im Wettkampf tatsächlich die Hand berührt und einen Fehler einstecken muss.

Erschwertes Training auf der Kontaktzone:

Steht ein Hund beispielsweise auf Kommando schön brav im Training auf der Kontaktzone und wartet, erschwere ich ihm die Bedingungen.

Hier einige Beispiele: Der Tunnel oder ein anderes Lieblingsgerät wird bis einem Meter an den Abgang hingestellt. Eine Futterschüssel für verfressene Hunde oder Spielzeug für verspielte Hunde einen Meter hinter der Zone. Obwohl der Hund nun gerne möchte, soll er sich auf die Zonen konzentrieren und erst auf das Auflösekommando das nächstfolgende Gerät machen, oder Spielzeug holen, etc. Stellen Sie bitte sicher, dass jemand in der Nähe der Ablenkung steht, damit sich der Hund für ein Fehlverhalten nicht selbst bestätigen kann, das heißt, die Hilfsperson stellt sich vor den Tunnel, auf das Spielzeug oder nimmt das Futter weg.

Allgemeine Probleme

Der Hund bleibt auf dem Scheitelpunkt der Wand stehen:

Immer wieder ist zu beobachten, dass Hunde oben auf dem Scheitelpunkt der Wand stehen bleiben. Erfahrungsgemäß liegen folgende Gründe vor: zu viel Druck vom HF bei der Zone und der Hund reagiert mit Meideverhalten, er hat noch nicht begriffen, was von ihm auf der Zone erwartet wird und ist unsicher, oder es liegt ein medizinisches Problem vor. Die Methode »two on two off« setzt eine starke Schultermuskulatur voraus und kann nur unter Schmerzen eingenommen werden, wenn Schulter- oder Rückenprobleme vorliegen. Auch Hunde, die Probleme mit der Hinterhand haben, tun sich schwer, da sie ja die Hinterhand zum Bremsen brauchen, und dies dann auch nur unter erschwerten Bedingungen funktioniert. Bei nicht medizinischen Gründen versuchen Sie, einige Schritte zurückzugehen oder weniger Druck auszuüben und beispielsweise mit einem Spielzeug zu arbeiten, damit der Hund die Zone als etwas Tolles empfindet.

Sobald der Hund dieses Verhaltensmuster an den Tag legt, platziere ich eine Bauchtasche oder ähnliches gerade am Anfang des absteigenden Teils. Für den Hund ist dies beim Erklimmen der Wand nicht ersichtlich. Weil dieses »Fremdobjekt« jedoch so positioniert ist, wird der Hund gezwungen, darüber zu springen, das heißt, Sie lassen ihm gar keine Möglichkeit, auf dem Scheitelpunkt stehen zu bleiben, weil ihm die Tasche im Weg steht. Somit kann der Hund dieses Verhalten gar nicht langfristig ausführen und wird es wieder ablegen.

Der Hund geht zu langsam über den Laufsteg:
Legen Sie bei der Abgangszone ein Target mit Futter oder das Lieblingsspielzeug hin. Zeigen Sie dieses dem Hund, fassen Sie ihn am Halsband und »laden« Sie den Hund auf dem Weg zum Aufgang des Laufstegs auf. Motivieren Sie ihn. Nun führen Sie mit dem Hund das »Ready-Steady-Go-Spiel« aus. Wenn Sie vor dem Hund beim Abgang sind, nehmen Sie das Spielzeug oder das Futter mitsamt Target auf und rennen Sie davon. Lassen Sie es gut sein, wenn der Hund jetzt die Zone nicht trifft, das ist nicht das Thema, hier möchten Sie nur Tempo. Man kann nicht an Genauigkeit und Tempo gleichzeitig arbeiten. Sollte der Hund auch nach mehrmaligen Versuchen nicht gewinnen, erleichtern Sie ihm die Arbeit, indem Sie kleinere Schritte machen und so tun, als ob Sie schnell rennen würden. Geben Sie dem Hund die Chance zu gewinnen, denn er sollte immer mit einem positiven Erlebnis aufhören.

*Der Hund bremst oder bleibt
auf dem Laufsteg stehen:*
Oft verwechseln die Hunde die Wippe mit dem Laufsteg und nehmen an, dass sie sich auf dem Laufsteg befinden. Meist bleiben sie auch genau da stehen, wo die Wippe sich bewegen würde. Wenn man einmal auf die Knie geht, ist ersichtlich dass die beiden Planken genau gleich aussehen, außer dass der Laufsteg Klimmlatten aufweist und die Wippe zwei Kontaktzonen. Dies wird meist damit behoben, dass man bei dem Laufsteg ein Geräusch über das ganze Gerät macht, beispielsweise »Gsch-gsch-gsch«, damit der Hund sich an unserem Kommando orientieren kann.

Schlussbemerkungen
Das *Allerwichtigste ist, dass bei einer Methode geblieben wird und mit ihr konsequent im Training sowie im Wettkampf gearbeitet wird. Das Schlimmste ist, ständig die Methoden zu wechseln. Das verwirrt den Hund und eine konstante Ausführung ist für den Hund gar nicht möglich, da sowieso ständig etwas anderes durch den Hundeführer verlangt wird. Auch sind dies keine Wundermethoden, denn hat der Hund erst mal gelernt zu springen, ist es schwer, ihm dies wieder abzugewöhnen und braucht Zeit. Eine schlechte Angewohnheit lernt der Hund sehr schnell, sie ihm wieder abzugewöhnen dauert aber um vieles länger!*

Wippe

Angst vor der Wippe

Einleitend kann ich sagen, dass ich viele Hunde kennen gelernt hab, die Fehlverknüpfungen auf der Wippe gemacht hatten.

Lösungen:
Der Hund zögert auf der Wippe und bleibt stehen. Das Resultat ist, dass der Hundeführer einen Keks aus der Tasche nimmt und den Hund besticht, über die Wippe zu laufen. Hunde sind nicht blöd und merken sich sehr bald, dass sie durch ihr Zögern den Hundeführer veranlassen, einen Keks ins Spiel zu bringen. Dies ist ein klassisches Bestätigen, wie es auch beispielsweise beim Tierarzt, etc. anzutreffen ist, nur ist sich dessen der Hundeführer nicht bewusst.

Nehmen Sie entweder von Beginn an den Ball oder ein »Gutzi« in die Hand und führen den Hund so über die Wippe. Beim Zögern hilft es auch, dass man den Hund am Halsband nimmt und ihn mit sanftem Druck über die Wippe führt. Viele Hundeführer machen den Fehler, dass sie dem Hund davonlaufen, mit dem Resultat, dass der Hund von der Wippe springt. Stellen Sie sich folgende Situation vor: Ein Kind fürchtet sich im Wald. Wenn man das Kind alleine lässt, wird die Angst nun kleiner? Nein, sicher nicht! Genauso verhält es sich beim Hund; die Angst wächst, wenn er sich alleine fühlt.

Bei vielen spielverrückten Hunden nützt es, den Ball in die Hand zu nehmen und den Hund zu locken (beachten Sie dieses Mal die Zonenarbeit nicht, Sie können nur an einer Sache arbeiten). Sobald der Hund die Wippe herunterdrückt, werfen Sie den Ball. Der Hund wird nun vielleicht auch die Zone überspringen; aber meiner Meinung nach, sollte der Hund erst die Wippe motiviert laufen, bevor man sich an die Zonenarbeit macht.

Bei Hunden, die nicht nur Unsicherheit, sondern wirklich Angst zeigen, muss man etwas behutsamer vorgehen.

Am Besten konditioniert man den Hund auf den Clicker. Ich möchte, dass der Hund nur das macht, was für ihn auch (unter Stress) möglich ist. Wichtig ist, dass die Wippe nie gekippt wird, solange der Hund nicht motiviert die Wippe hoch läuft. Stellen Sie einen Sprungflügel unter die Wippe, damit diese sich überhaupt nicht bewegen kann. So können Sie sich nur auf den Hund konzentrieren und nicht mehr auf den Kraftakt, die Wippe zu halten. Der Hundeführer führt den Hund nun auf die Wippe. Wenn der Hund zögert und die Wippe gar nicht betreten will, verlangen Sie vom Hund nur einen Schritt auf die Wippe und »click«, Futter, und der Hund darf von der Wippe weg, denn der Click beendet die Übung.

Gehen Sie immer so weit, wie es der Hund auch anbietet, und dann verlangen Sie erst einen Schritt mehr. Er wird jetzt ein paar Mal die Pfoten auf die Wippe setzen, »click«, Futter und er darf von der Wippe weg.

Verlangen Sie nun einen Schritt mehr. Wichtig bei dieser Methode ist, dass der Hund weder gelockt noch geködert wird. Er soll die Schritte von sich aus machen. Der Hund wird nun stehen bleiben und zögern, weil das reine Berühren der Wippe vorhin schon Erfolg brachte. Entscheidend ist, dass Sie den Hund an der Leine halten oder am Halsband festhalten, damit er auch nicht von der Wippe runterspringen kann.

Warten Sie nun, locken Sie nicht, haben Sie Geduld. Der erste Schritt, den der Hund von sich aus macht, wird geclickt. Tragen Sie den Hund von der Wippe, lassen Sie ihn nicht runterspringen, er wird sich das sonst zur Gewohnheit machen. Nun lassen Sie den Hund wieder auf die Wippe gehen. Er wird an irgendeinem Ort stehen bleiben. Verlangen Sie immer einen Schritt mehr. Clicken Sie und heben Sie ihn wieder runter. Wiederholen Sie so schrittweise, bis der Hund ganz bis zum Ende läuft.

Nun gehen Sie erneut einen Schritt weiter, indem Sie die Wippe ein kleines Stück runterkippen lassen, clicken und den Hund runterheben.

Es kann nun sein, dass der Hund wieder in der Mitte der Wippe stehen bleibt. Dann gehen Sie einen Schritt zurück und clicken ihn wieder jeden Schritt, bis er erneut bis ans Ende läuft. Wiederholen Sie diese Schritte, bis Sie die Wippe ganz runterlassen können.

Wichtig: Hören Sie nie mit dem Runterlassen auf. Man könnte jetzt meinen, dass der Hund erfolgreich gearbeitet hat, und man die Übung beenden sollte. Sie wissen jedoch nicht, ob dem Hund nicht zu viel Stress zugemutet wurde. Wenn Sie jetzt die Übung beenden, wird der Hund gestresst vom Gerät weggehen. Beenden Sie die Übung so: Wenn der Hund bis zum Ende der Planke läuft, füttern Sie ihn und tragen ihn dann runter.

Es gibt Hunde, die sich davor fürchten, das Brett mit ihren Vorderbeinen runterzudrücken. Mit diesen Hunden gehe ich zum Wippenabgang und drücke mit den Füßen den Abgang herunter, bis noch eine Distanz von etwa zwei Zentimeter besteht. Lassen Sie nun den Hund mit mindestens einer Pfote die Wippe runterdrücken, clicken Sie und lassen ihn wieder vom Gerät weg. Dies ist ein Spiel, um dem Hund zu zeigen, dass er die Bewegung auslöst. Das kann bei einigen Hunden Wunder wirken.

Es existieren verstellbare Wippenböcke, die man bis auf eine Höhe von 20 cm herunterstellen kann. Bevor der Hund nicht die eine Höhe stressfrei (das heißt, ohne irgendwelche Stresssignale, wie Nase lecken) absolviert, erhöhen Sie nicht. Wenn man keinen solchen Wippenbock besitzt, kann man das Problem auch mit zwei Tischen lösen. Der Aufgang der Wippe liegt auf dem Small/Medium-Tisch und der Large-Tisch wird unter den Abgang gestellt, damit muss der Hund nicht einen so steilen Winkel hoch laufen, und die Planke kommt beim Runterkommen auf den Large-Tisch. Der Hund wird diese Situation einfacher meistern können, da die Planke nicht so weit heruntergelassen wird. Dies kann auch variiert werden, je nach dem, ob dem Hund das Kippen oder das Hochlaufen mehr Mühe macht. Dann kann man auch die zwei Tische austauschen. Die Planke wird logischerweise immer durch eine Hilfsperson festgehalten.

Hürden (Stangenhürden)

Stangen reißen, Stangen unterlaufen

Lösungen:

Variable Sprunghöhen:

Es lohnt sich, die Stangen im Training immer unterschiedlich hoch zu legen und die Abstände zu variieren. Der Hund lernt dadurch, sich auf das Hindernis zu konzentrieren und sich dementsprechend auf jeden Sprung neu einzustellen. Bereits innerhalb kurzer Zeit ist zu beobachten, dass der Hund die Sprunghöhe genau der tatsächlichen Stangenhöhe anpasst.

Einen Schritt zurück mit der Sprunghöhe:

Man beginnt damit, dass man die Stangenhöhe wieder weiter herunterstellt. Vielleicht wurde der Hund mit der Erhöhung der Stangen überfordert. Als feste Regel gilt: Wenn man mit einem jungen Hund etwas Neues übt, legt man die Stangen wieder tiefer, damit der Hund nicht durch Überforderung an die Stangen schlägt.

Hundeführer ist schuld:
Nicht auf der Hürde drehen (beim »Belgier«), nicht plötzlich weglaufen, nicht mit den Händen wedeln und wenn möglich, den Hund nicht ansprechen.

Körpergefühl verbessern:
Dem Hund halbdicke Haarbänder/Gummibänder oberhalb der Pfoten anziehen (Ursprung »Tellington Touch«). Diese sollen zwar anliegen, aber auf keinen Fall einschneiden. Dadurch bekommt der Hund ein

Gefühl für seine Hinterhand und insgesamt ein neues Körpergefühl. Wenn man einen Verband trägt und ihn nachher abnimmt, kann man den Druck auch noch später spüren. Diese Bänder eine halbe Stunde vor Trainings- oder Wettkampfbeginn anziehen und dann erst vor dem Start wieder abnehmen.
Tellington Touch: Man streicht dem Hund mit sanftem Druck über die Läufe herunter bis zu den Pfoten. Auch hiermit wird das Körpergefühl gestärkt. Die Bänder an die Pfoten der Läufe anbringen, mit denen der Hund die Stange runterschlägt. Meist sind es die Hinterläufe.

Stangen treten (s. auch Seite 142):
Vielen Hunden ist es gar nicht klar, dass sie die Stange nicht berühren sollen. Sie haben oftmals keine Zeit, sich bewusst auf den Sprung zu konzentrieren.
Abbrechen: Jedes Mal, wenn der Hund eine Stange wirft oder die Stange unterläuft, wird der Lauf abgebrochen. Ich habe aber schon sehr viele Hundeführer getroffen, die das Timing des Abbruchs nicht erwischen. Versuchen Sie, große Distanzen zwischen den Geräten einzubauen, damit der Lauf des Hundes auch wirklich bei der Hürde abgebrochen werden kann, welche er reißt oder unterläuft. Aber meist reagieren dann die Hundeführer zu spät und der Hund wird nach dem richtigen Absolvieren eines Sprunges angehalten. Versuchen Sie einfach immer die Situation aus den Augen des Hundes zu sehen, dann unterlaufen Ihnen solche fehlbaren Timings nicht.

»Jumping Grids«:
Oft fällt mir auf, dass es Hunde mit fürchterlichen Sprungtechniken gibt. Beim Springsport würde man sagen, »die Pferde springen ohne Rücken« und würde an der Technik arbeiten. Wenn sich aber an der Technik nichts ändern kann (das gibt es nun mal auch), nimmt man diese aus dem Springsport.

Testen *Sie sich mal selber mit folgender Übung: Machen Sie ein Hohlkreuz, beugen sich vornüber und stellen sich auf ein Bein. Nun versuchen Sie, sich seitlich zu biegen. Sie merken, wie instabil Ihre Füße dabei sind. Machen Sie nun dieselbe Übung mit einem runden Rücken. Sie merken, dass, obwohl Sie sich nun seitlich biegen, eine gewisse Stabilität da ist, und es einfacher ist, zu drehen.*

Wie können Sie nun das Problem bei Ihrem Hund beheben:

Nehmen Sie fünf bis sieben Sprünge und stellen diese etwa im Abstand von eineinhalb Hundelängen (gemessen vom Genick bis zum Rutenansatz) auf. Legen Sie die Stangen tiefer als normal (für einen Large-Hund beispielsweise Mediums-Höhe).

Wichtig: Immer wenn Sie die Sprunghöhe erhöhen, müssen auch die Abstände vergrößert werden. Stellen Sie den Hund sehr nahe an den ersten Sprung. Wenn Sie eine längere Distanz wählen, wird der Hund die ersten zwei Hürden springen wollen, da er ja gelernt hat, früh abzuspringen. Er würde somit komplett in die Stange des zweiten Sprunges springen. Um sich nun nicht weh zu tun, wird er beide miteinander springen. Das ist aber nicht das Ziel.

Also: Hund nahe am Sprung, der Hundeführer positioniert sich vor dem zweiten Sprung und schaut den Hund an. Arbeiten Sie hier eher mit Futter, damit der Hund ruhiger arbeitet. Zeigen Sie dem Hund ruhig, dass Sie Futter in der Hand haben, wir wollen ja dem Hund nun erstmal zeigen, was er tun soll. Sobald der Hund den ersten Sprung genommen hat, ziehen Sie ihn seitlich aus den Hürden raus. Gehen Sie nicht zu schnell vorwärts und überfordern den Hund nicht. Diese Übung ist gänzlich anders, als das, was der Hund vielleicht bis jetzt gewohnt ist. Er muss erst wissen, was er tun muss, und er muss sich enorm konzentrieren. Unterschätzen Sie die geistige Arbeit des Hundes nicht. Geben Sie dem Hund nun das Futter nie, wenn er die Stange berührt, denn er soll hier ja lernen, dass man die Stangen nicht berühren soll.

Wenn der Hund diese Übung auf beiden Seiten kann, gehen Sie eine Hürde weiter. Mit dieser Übung muss der Hund auch lernen, sich auf dem Sprung zu biegen, dazu gibt es auch noch eine andere Übung (siehe Seite 143). Es kann sein, dass der Hund bei der letzten Hürde plötzlich anfängt, zwei Hürden aufs Mal zu springen. Dann gehen Sie einen Schritt zurück, auch wenn Sie wieder vorne anfangen müssen.

Die letzte Hürde ist am Schwierigsten, lassen Sie Ihrem Hund Zeit. Die Übung ist dann beendet, wenn Sie den Hund über die Hürden schicken können, oder abrufen und auch seitlich mitlaufen können. Die letzten drei Übungen sind sehr, sehr schwer und für einen Hund geeignet, der hier schon einige Übung hat. Ich persönlich mache diese Übung alle drei bis vier Wochen und höre nach ein paar Minuten wieder auf. Machen Sie diese Übung lieber kurz, aber erfolgreich, und setzen Sie am nächsten Tag wieder ein. Die Hunde ermüden sehr schnell, da es einiges an Koordination von ihnen erfordert. Auch lernen Hunde mit dieser Übung »In/Outs« zu machen, das heißt, sie lernen, in der Landung gleich wieder weg zu springen, und ihren Rücken wie ein Delphin einzusetzen.

Es gibt Hunde, die körperbedingt Mühe haben, sich zu biegen. Auch gibt es Hunde, die sich auf die eine Seite sehr gut, aber nicht auf die andere Seite biegen können. Damit der Hund lernt, sich über der Hürde komplett zu biegen, können Sie folgende Übung ma-

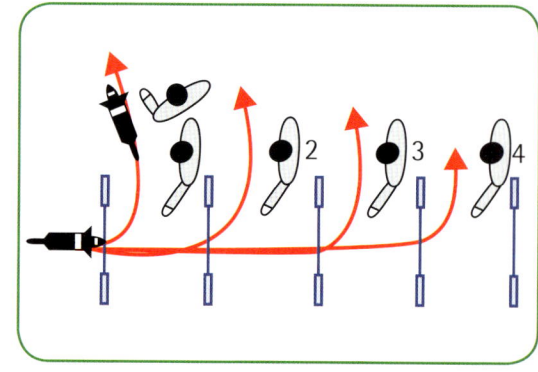

»Jumping Grids«

chen: Stellen Sie den Hund zwischen den ersten und zweiten Sprung auf. Plazieren Sie den Hund nicht vor den Sprung, sondern so, dass er den Sprung mit einem Winkel anlaufen muss. Sie stellen sich auf die andere Seite des Sprunges hin. Der Hund soll so lernen, sich über den Sprung zu biegen. Wenn er die Stange berührt, bekommt der Hund keinen Keks. Nur wenn der Hund die Hürde erfolgreich nimmt, bestätigen Sie ihn mit einem »Leckerchen«. Während der Hund springt, drehen Sie sich mit dem Hund vom Sprung weg und geben ihm das Leckerchen am Ihrem Bein. Arbeiten Sie die Übungen immer auf beiden Seiten. Es gibt Hunde, welche sich auf die eine Seite besser biegen können als auf die andere. Arbeiten Sie solche Hunde besonders auf der schlechteren Seite.

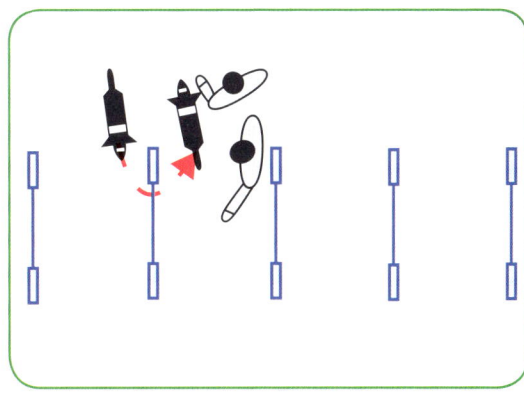

Der Hund lernt, seinen Körper auf dem Sprung zu drehen und zu biegen.

»Jumping Grids«

Drehung auf dem Sprung.

Slalom

Falsches Einfädeln:

Bei einem offenen Eingang (also links geführt) laufen Sie auf die zweite Stange zu, bis der Hund richtig im Slalom eingefädelt hat. Im Extremfall umfassen Sie die zweite Stange mit beiden Händen. (Vorsicht: im Wettkampf kein Gerät anfassen!)

Beim geschlossenen Eingang (also rechts geführt) laufen Sie auf die erste Stange zu, bis der Hund um die erste Stange herumläuft.

Der Hund überspringt eine Stange:

Meistens ist der Hundeführer zu weit vorne, und der Hund versucht, ihn aufzuholen. Oder der Hundeführer treibt den Hund zu stark an, und der Hund fällt aus dem Rhythmus. Bleiben Sie zu Beginn auf Schulterhöhe des Hundes.

Der Hund ist zu langsam:

Hunde, die auf der Gasse oder dem V-Slalom aufgebaut wurden, sollten wieder auf diese Trainingsgeräte zurück. Auch wenn der Hund nur auf dem geraden Slalom gearbeitet hat, führen Sie folgende Übung einfach mit dem geraden Slalom. Halten Sie ihm dabei ein Gutzi oder Spielzeug vor die Nase. Spielen Sie nach dem Slalom mit dem Hund oder geben Sie ihm das Gutzi. Wenn der Hund im Slalom schon sicher ist, stellt sich eine Hilfsperson hinter den Slalom und der Hund erhält das »Gutzi« nur, wenn er den Slalom richtig absolviert. Strafen Sie den Hund nicht, wenn er jetzt Fehler macht. Dadurch, dass er schneller arbeitet, fällt er vielleicht auch aus dem Rhythmus, das ist durchaus OK. Meine Reaktion wäre dann »Ui-fast« ... und sofort wird der Hund wieder motiviert zum Slalomeingang zurückgebracht. Stellen Sie sich vor, Sie blasen einen Luftballon zu schnell auf: Er wird platzen, wenn Sie dem Material aber Zeit las-

Mit der Gegenhand und den Füßen zeigen Sie auf die zweite Slalomstange

sen, sich auszudehnen, können Sie diesen viel größer aufblasen. Handhaben Sie es mit dem Agility genauso. Suchen Sie immer wieder das Limit, und versuchen Sie, wenn der Hund sich sicher fühlt, dieses wieder etwas auszudehnen.

Einige Hunde mögen es, wenn man »Äffchen« macht. Das heißt, diese Hunde suchen ja extrem die Wettrenn-situation. Wenn Sie nun vorweg laufen, ist diese für den Hund nicht mehr gegeben, im Gegenteil er fängt an, Tempo abzubauen, da ein Wettrennen nicht lustig ist, wenn der Gegner schon zu weit vorne ist. Geben Sie dem Hund also das Gefühl, dass auch Sie kämpfen. Sie stellen sich seitwärts zum Slalom und senden den Hund in den Slalom. Dabei beugen Sie sich etwas vor und hüpfen auf und nieder, dazu machen Sie wilde Geräusche (also wie ein Affe). Versuchen Sie dabei nicht zu große Schritte zum Slalomende zu machen, sondern bleiben Sie auf der Höhe seiner Schultern. Tun Sie so, wie wenn auch Sie sich abmühen würden. Somit erhalten Sie die Wettrennsituation für den Hund aufrecht. Sie können nun den Hund mit der Hand näher bei seinem Hinterteil kurz dort spielerisch anstupsen. Dies mögen aber nicht alle Hunde. Versuchen Sie dieses Spiel erst ohne Slalom, damit der Hund dies auch nicht als Bedrohung, sondern als Spiel auffasst. Manchmal lohnt es sich auch nur den halben Slalom einzusetzen. So ist es für den Hund weniger anstrengend.

Der Hund kann Slalom nur linksgeführt:
Immer wieder haben Teams das Problem, dass die Hunde nur linksgeführt aufgebaut wurden. Diese Problematik erschwert sich, wenn der Hund gleich auf dem normalen Slalom angelernt wurde. Ansonsten gehen Sie einen Schritt zurück (V-Slalom, Bögen oder Gasse) und üben den Slalom auch rechtsgeführt. Wenn der Hund nur den geraden Slalom kann, stellt sich eine Hilfsperson auf der

Auch wenn der Hundeführer nicht ganz zum Eingang laufen muss, ist es wichtig, dass die Füße zur zweiten Stange zeigen.

rechten des Slaloms hin. Der Hundeführer hat den Hund rechtsgeführt und schickt ihn in den Slalom. Nun läuft die Hilfsperson auf der anderen Seite mit. Somit hat der Hund die Sicherheit, dass auf seiner gewohnten Seite jemand mitläuft. Bei vielen Hunden funktioniert diese Variante. Die Hilfsperson entfernt sich bei jeweiligem Erfolg immer weiter vom Slalom und verschwindet ganz.

Hund kommt zu früh aus dem Slalom:
Sollte sich der Hund noch im Aufbau befinden, gehen Sie bitte einen Schritt zurück, der Hund kann noch nicht ohne Hilfsmittel arbeiten. Viele Hundeführer tendieren dazu, bei der zehnten oder elften Stange den Slalom mental schon zu beenden. Oft machen Sie dann einen größeren Schritt vorwärts oder schauen auch schon nach vorne. Versuchen Sie sich als Hundeführer, nun eine 13. oder 14. Stange hinzuzudenken. Somit bleiben

Ein Hund, der auf dem V-Slalom aufgebaut ist; der Pudel springt seitwärts und ist somit langsamer.

Sie konzentriert, bis der Hund zu Ende gearbeitet hat. Oft ist für den Hund auch die Verleitung zu groß: Tunnels zum Beispiel ziehen den Hund magisch an, und er kann sich nicht bis zum Ende konzentrieren. Stellen sie also den Tunnel oder andere interessante Geräte etwas weiter weg, oder lassen Sie eine Hilfsperson sich vor den Tunnel stellen.

Grundsätzlich ist noch zum Slalom zu sagen, dass vor allem für kleine Hunde der Aufbau mit dem V-Slalom nicht von Vorteil ist. Kleine Hunde lernen nicht, nach vorne zu gehen, sondern sie springen von Anfang an seitlich. Sie können sich anstrengen, wie sie wollen, sie verlieren viel zu viel Zeit mit dem seitlichen Springen. Je kleiner der Hund ist, desto schwieriger ist es für ihn, einen Rhythmus zu finden, meistens fallen sie nach drei oder vier Stangen aus dem Takt und brauchen ein paar »extra Schritte«, weil die Distanz zwischen den Stangen für kleine Hunde zu groß ist.

Ein Hund, der auf der Gasse aufgebaut ist; der Sheltie springt nach vorne und ist somit viel schneller.

Nachwort der Autorinnen

Mit diesem Buch ist ein Traum von uns wahr geworden. Wir wünschen allen viel Spaß beim Lesen und bei der anschließenden Ausübung in der Praxis mit dem Hund. Mit einem geduldigen und konsequenten Aufbau Eures Vierbeiners schafft Ihr Euch die Gewissheit, dass Agility zwar viel Arbeit bedeutet, aber auch heute noch Spaß macht. Eine Arbeit, die Euch zu einem tollen und erfolgreichen Team formt und Euer Leben um viele Stunden bereichert. Erfolg bedeutet nicht zwingend Weltmeister zu werden. Erfolg bedeutet, mit seinem Hund zu lernen und zu wachsen und die Freizeit in Harmonie und der Freude am Leben zu verbringen. Alles Weitere ergibt sich von selbst.

Wir möchten allen danken, die uns in irgendeiner Form gefördert haben. Wir haben in unserer ganzen Agility-Laufbahn viele Menschen getroffen, die sehr viele Eindrücke auch in unserem persönlichen Leben hinterlassen haben. Die besten Lehrmeister waren und sind aber unsere Hunde. Sie sind die besten Freunde, Teampartner und Sportkollegen. In erster Linie bedeutet Agility Spaß mit unseren Hunden zu haben. Dieses schöne Gefühl zu genießen, dass es eine Einheit auf sechs Beinen gibt, dass unser Hund für uns kämpft und alles gibt. Natürlich genießen wir auch die Erfolge, aber sie sollen immer zweitrangig sein und den Teamgeist krönen. Die schönsten Läufe sind nicht zwingend auch die erfolgreichsten. Wir hoffen, mit unseren Hunden noch viele schöne Stunden auf dem Agility-Parcours erleben zu dürfen.

Cindy

Alexandra Roth, Agility seit 1990
Richterin mit internationalem Status.
www.magicpaws.ch, alexandra.roth@gmx.ch

Cindy, 16 Jahre alt, pensioniert
Cindy war nicht immer leicht zu führen. Ihre Motivation hielt sich manchmal sehr in Grenzen. Damals war der Aufbau halt noch ganz anders und ich habe persönlich und für die Kurse vieles dazu gelernt und die Methodik verändert. Die Erfolge waren hart erkämpft und ich bin oft den »hard way« gerannt und habe mich abgestrampelt. Diese Zeit möchte ich um nichts missen und danke ihr als guter und strenger Lehrmeister.

3. Rang Schweizer Meisterschaft 1997
»Agility-Dog-of-the-year« weltweit und in der Schweiz 1997
2. Rang Welt-Cup Finale 1997 sowie diverse Erfolge national

Djassi

Djassi, zehn Jahre alt, pensioniert

Ein lustiger Hund mit lauter Flausen im Kopf. Leider musste sie sehr bald wegen eines Rückenproblems mit dem Agility aufhören.

Jamie, acht Jahre alt, Small 3

Ein Traumhund. Es gibt nichts, was sie nicht kann ...

3. Rang Schweizer Meisterschaft 2003
Vizeweltmeister Jumping WM 2003
Vize-Team-Schweizermeister 2003
Nationalmannschaftsmitglied 2003, 2004 und 2005
Team-Schweizermeister 2004
Finalteilnehmer European Open 2004
2. Rang European Open in Zürich 2005

Jamie

Centa

Centa, sechs Jahre alt, Medium 3
Bei Centa kann man noch so viele Fehler machen, sie macht immer alles richtig. Sie lässt sich sehr einfach führen und ist wohl der Traum aller Hundeführer.

2. Rang Schweizer Meisterschaft 2003
1. Rang Jumping Welt-Cup Finale 2003 und 2005
Team-Schweizermeister 2003, 2004, 2005
3. Rang Schweizer Meisterschaft 2004
Schweizermeister 2005
Finalteilnehmer European Open 2004 und 2005

Indiana

Indiana, fünf Jahre alt, Large 3
Ein Spätzünder und auch harter Lehrmeister. Mittlerweile sind wir zu einem guten Team zusammengewachsen ...

Crumb, vier Jahre alt, Large 2
Macht aufgrund seiner physischen Konstitution vor allem Dogdance und Obedience. Ein regelmäßiges Training auf kleiner Höhe lieben wir aber beide.

Crumb

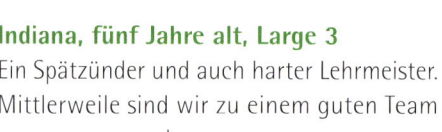

Paiute, eineinhalb Jahre alt, im Aufbau

Ein lustiger Hund und immer nur fröhlich. Der perfekte Hund, wenn man Spaß haben möchte.

Paiute

Driven, Baby,

lernt gerade, die Welt zu entdecken.

Driven

Regula Tschanz-Haas, Agility seit 1992

Trainerin
Richterin mit internationalem Status
Erfolgreiche Schweizer Nationalmannschafts-
trainerin von 2002–2005
Mitglied der Nationalmannschaft 2006 Team Small
www.agilityschule.ch, regula.tschanz@gmx.ch

2000 3. Rang mit »Leasing« BC Chip an der
Schweizermeisterschaft
2001 3. Rang mit »Leasing«
BC Chip Agility Weltcup 2001
2004 Vizeschweizermeisterin mit Sheltie Dale
2005 2. Rang Small Mannschaftswertung mit
Conny S. und Peter H. an den European Open
2006 1. Rang Gesamtrangliste WM Qualifikation
Large mit Fire (verzicht auf WM Teilnahme
zu Gunsten von Dale)
2006 2. Rang Gesamtrangliste WM Qualifikation
Small mit Dale

Zorro

Zorro, mein erster Hund, war ein deutscher Schäfer-
hund. Wir haben BH, SchH und Agility gemacht. Ein
absoluter Traumhund, der leider mit neun Jahren an
Herzversagen verstarb.

Django

Django, ein Berger de Picardie war ein fröhlicher, aufgestellter
Geselle, der viele Eigenheiten und ständig Unfug im Kopf hatte.
Ein Tausendsassa, der mich mit elf Jahren verlassen hat.

Giro, mein erster Border Collie. Ein arbeitssüchtiger Charmeur. Er war und ist mein Lehrmeister. Mit sechs Jahren erlitt er einen Unfall, war auf beiden Hinterläufen gelähmt und musste wieder laufen lernen. Die Agilitykarriere war abrupt beendet. Heute mit zwölf Jahren begeistert er immer noch jeden mit seiner vorwitzigen Art.

Fame

Giro

Fame, Border Collie, zehn Jahre alt, ist die Liebenswürdigkeit in Person. Seine über zwanzig Nachkommen haben seinen Arbeitswillen geerbt. Unzählige Preise hat er während seiner Agility Laufbahn mit mir und vor allem mit seinem »Leasinghundeführer« Pascal Peng gewonnen.

Kylie-Kiss, ist der Sohn von Fame. Ein Border Collie mit starken sensitiven Anlagen. Er macht alles, um mir zu gefallen. Agility macht er allerdings lieber mit seiner großen Liebe Nicole.

Kylie-Kiss

Fire

Fire, Border Collie (red merle), ist mein zweites Herz. Er ist »mein Hund«. Ein Energiebündel, das kaum zu bändigen ist. Bei der Arbeit äußerst genau und absolut zuverlässig. Zu Hause ein »Schmusekater«.

Dale

Dale, small Sheltie mit dem Charakter eines großen Wesens, weshalb er auch »großer Bär« gerufen wird. Ein erfolgreicher, stets gut gelaunter, manchmal etwas lauter Agilityhund.

Jumaana

Jumaana , Border Collie. Ihr Name bedeutet Silberperle. Sie ist mein Sonnenschein und wird bald ihr erstes Turnier laufen.

Soraya red merle Border Collie Hündin, geboren am 25. Februar 2006. Halbschwester von Fire und Nichte von Jumaana. Ein Energiebündel mit starkem Charakter.

Soraya

Legende zu den Grafiken

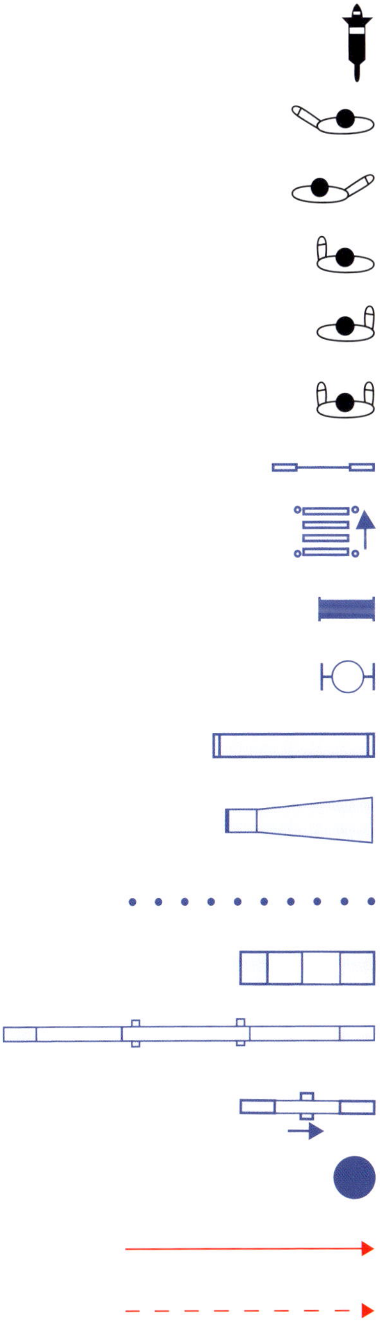

	Hund
	Hundeführer (HF) linker Arm seitlich
	Hundeführer (HF) rechter Arm seitlich
	Hundeführer (HF) linker Arm nach vorne
	Hundeführer (HF) rechter Arm nach vorne
	Hundeführer (HF) beide Arme nach vorne
	Sprung
	Weitsprung
	Mauer
	Reifen
	Tunnel
	Sacktunnel
	Slalom
	Wand
	Laufsteg
	Wippe
	Blumentopf, Tonne oder ähnliches
	Lauflinie des Hundes
	Lauflinie des Hundeführers

»Change«–Training zwischen Hindernissen

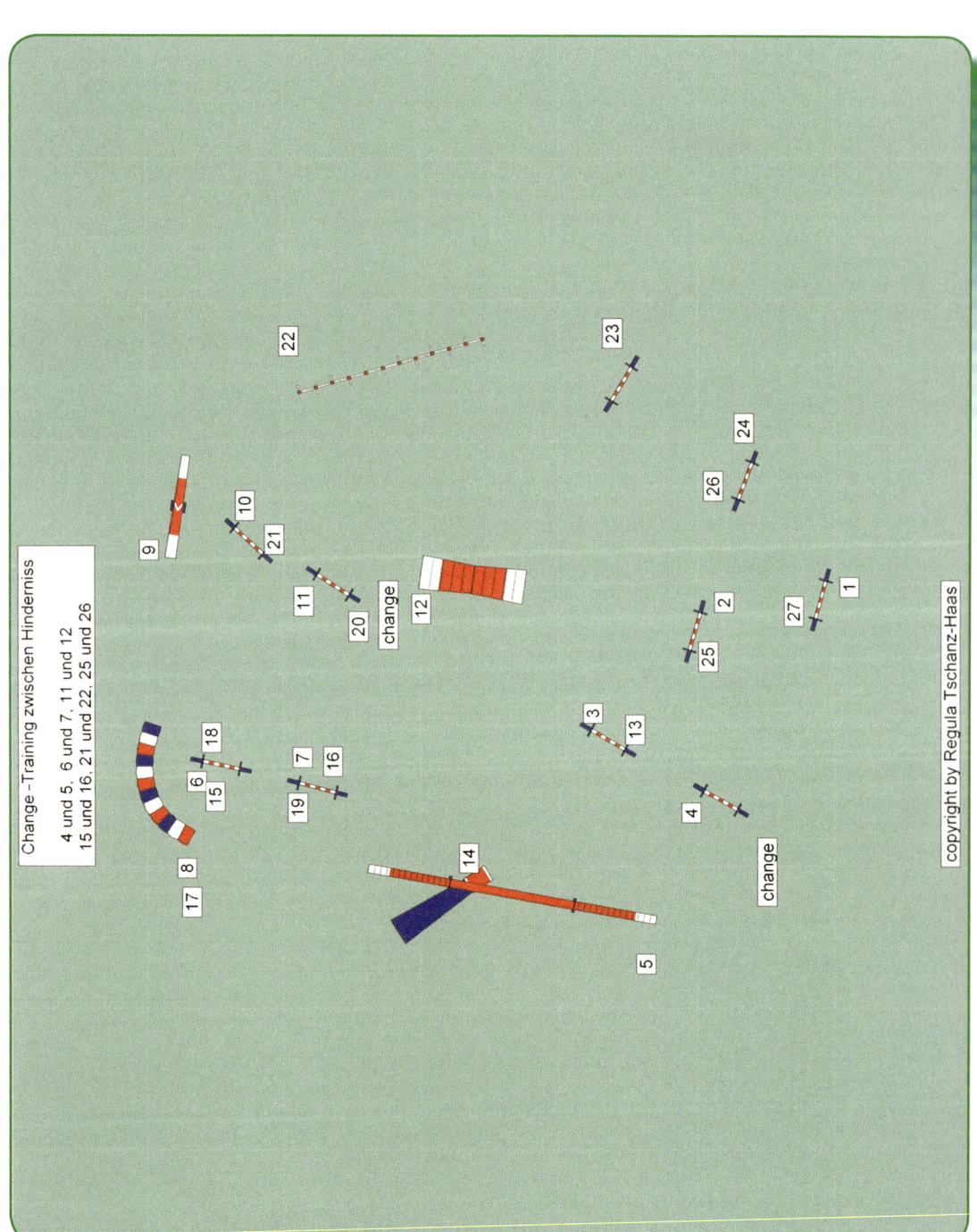

Change –Training zwischen Hinderniss

4 und 5, 6 und 7, 11 und 12
15 und 16, 21 und 22, 25 und 26

copyright by Regula Tschanz-Haas

Parcours–Vorschlag

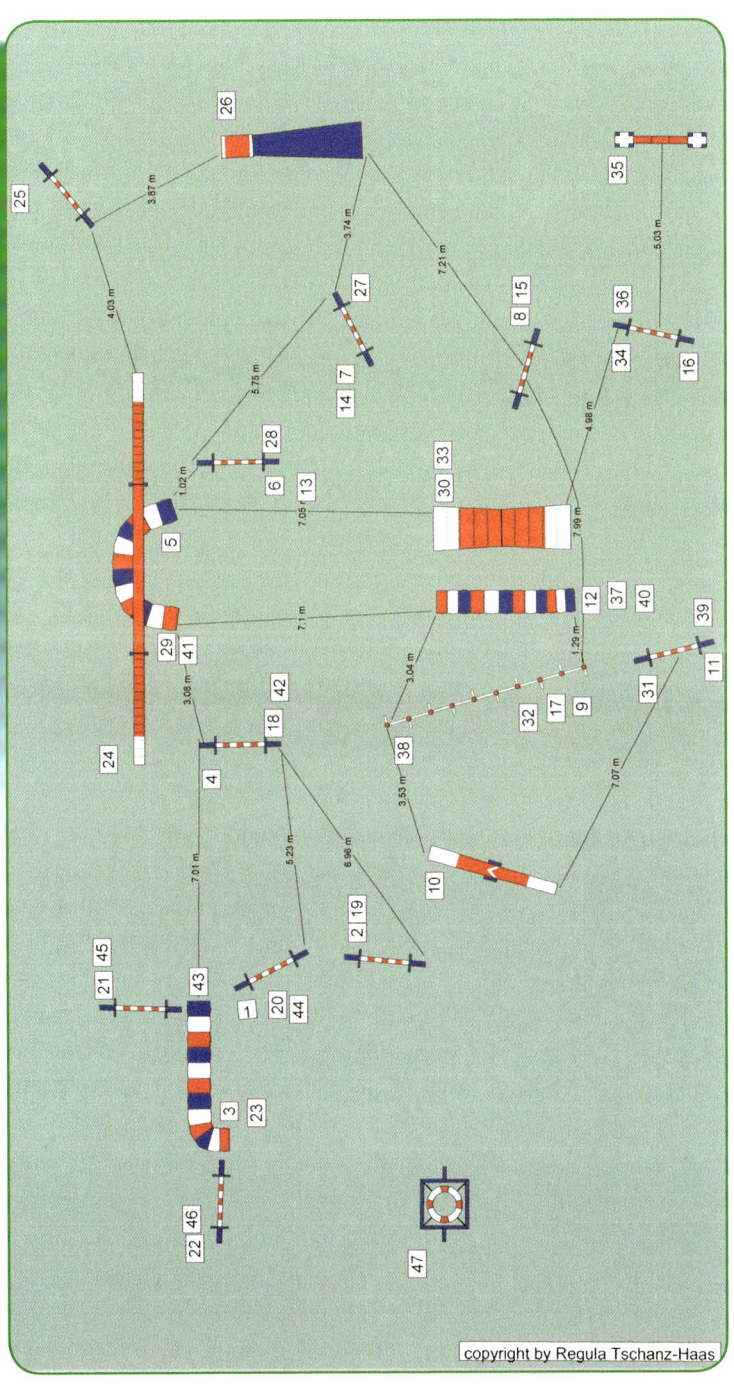

copyright by Regula Tschanz-Haas

Parcours-Vorschlag

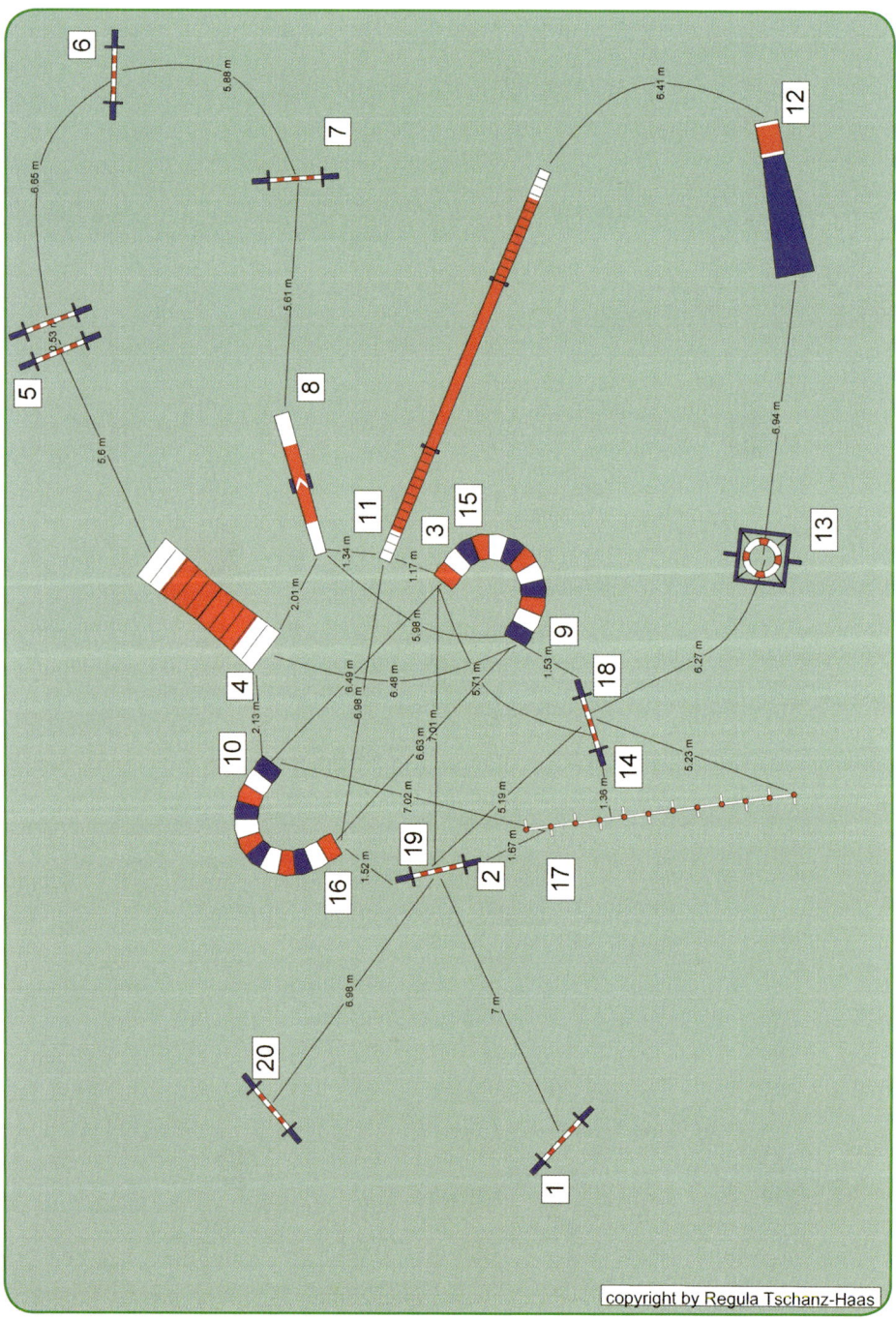

»Out«–Parcours

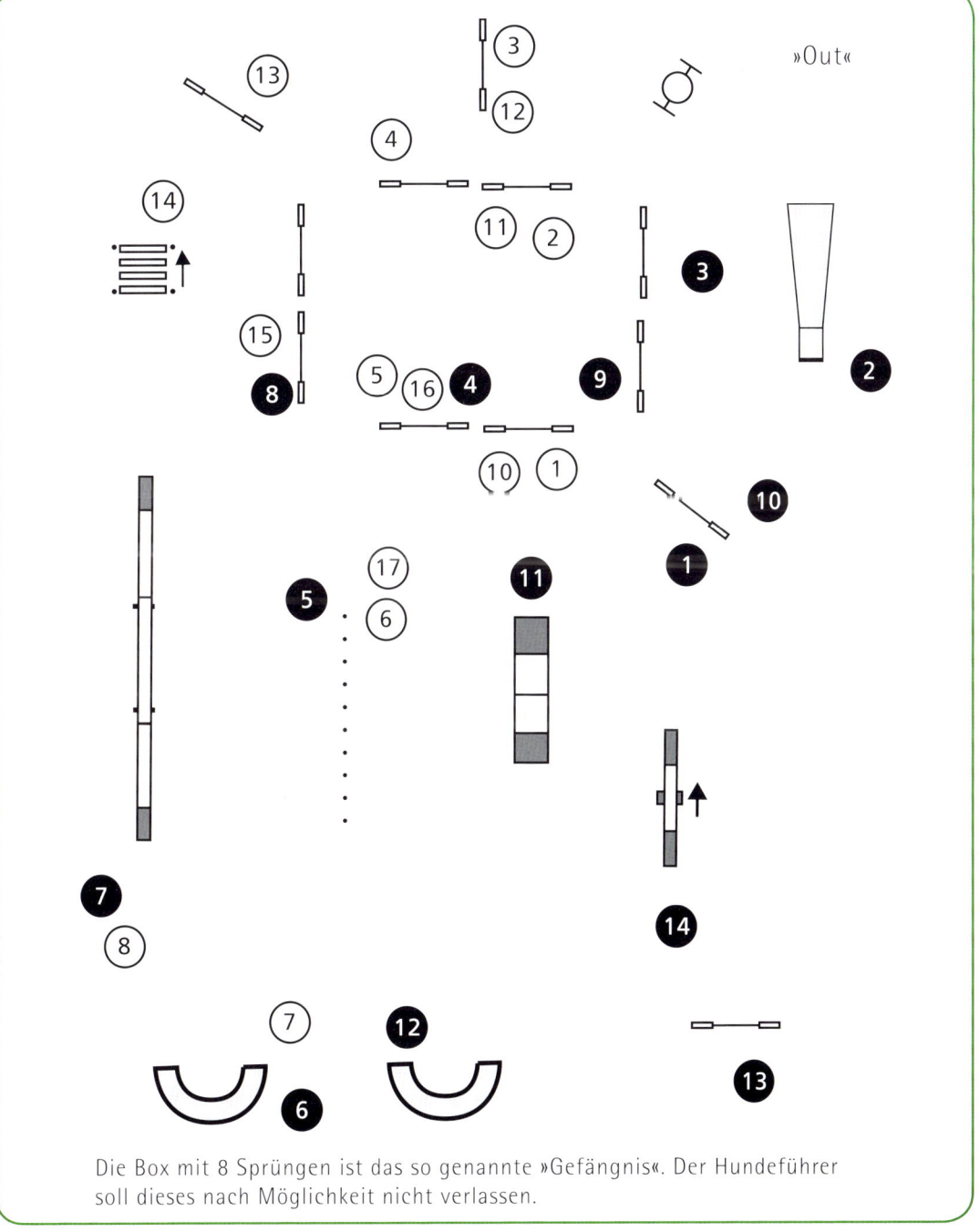

»Out«

Die Box mit 8 Sprüngen ist das so genannte »Gefängnis«. Der Hundeführer soll dieses nach Möglichkeit nicht verlassen.

🐾 »Über-die-Hand«-Parcours

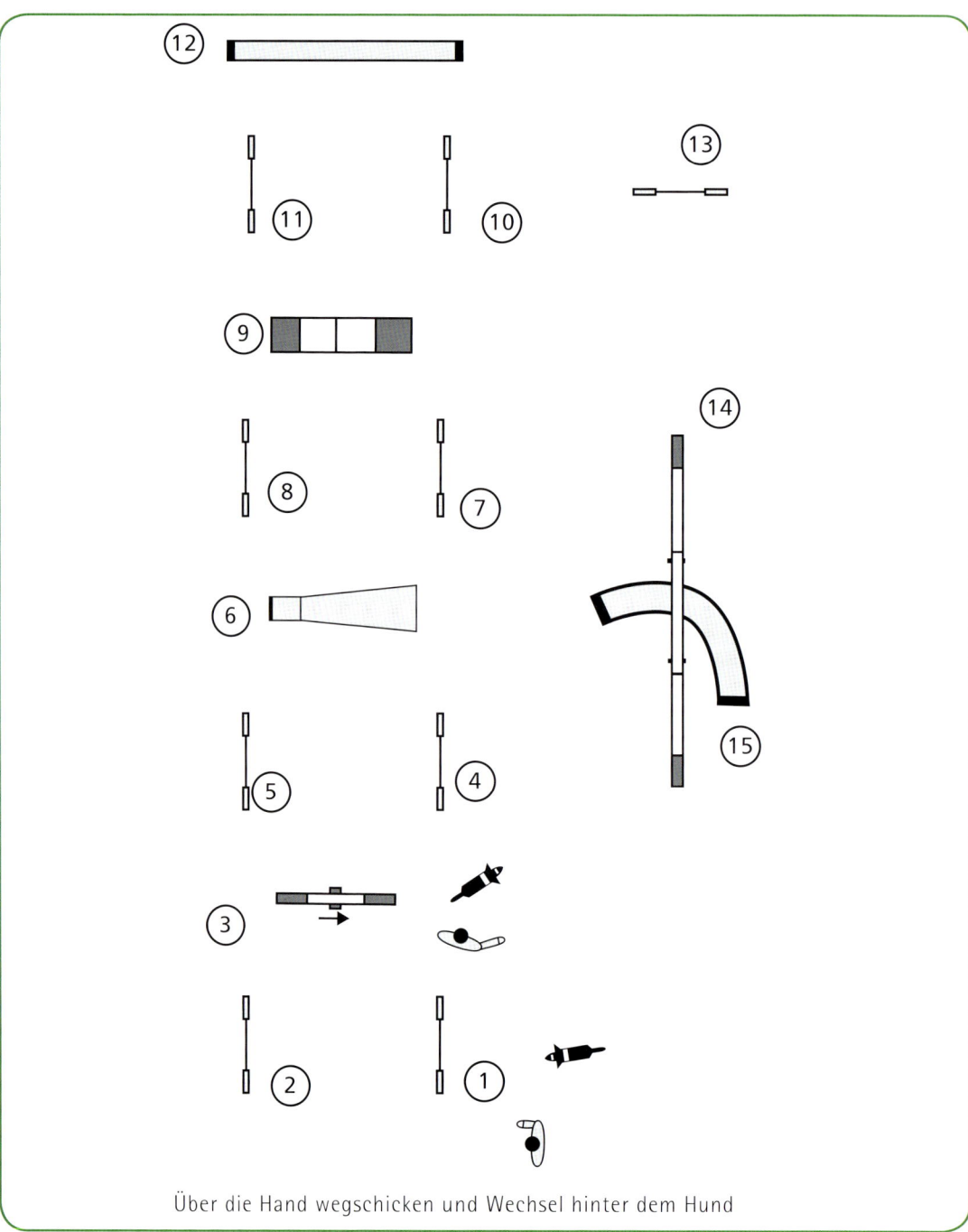

Über die Hand wegschicken und Wechsel hinter dem Hund